生命星球

环球壮观的自然保护区

德国坤特出版社　编著
张　骥　译

科学普及出版社
·北　京·

生命星球

环球壮观的自然保护区

第 2~3 页图：大堡礁的居民是变形大师或令人着迷的稀有物种。就连绿海龟也能在这大堡礁的生态系统里找到栖身之所。

下图：虽说光明总在隧道尽头出现，但在冰岛的蓝冰洞里，光线却能透过孔洞和缝隙射进来，即使在洞窟内，也能呈现出一片绚丽多姿的奇异之蓝。冰层中的黑色部分是火山灰。

青长尾猴生活在非洲南部的雨林里，是一群非常羞涩的家伙。它们的眼睛上方有一道白色的毛发，很好辨认。

高丘湖区由 6 座湖泊组成，海拔都在 5000 米左右，地处尼泊尔萨加玛塔国家公园。珠穆朗玛峰的南麓也属于这座公园。在喜马拉雅山生活着强壮的牦牛，它们常在湖畔漫步。

关于本书

从冰岛冰川那泛蓝的白色，到亚马孙森林的深绿色，大自然的色彩无奇不有。除此之外，地球也以其独特的原始之美，总是给我们带来惊喜。在克鲁格国家公园，迁徙的兽群留下长长的足迹；在喀喇昆仑山脉，海拔 8000 多米的山峰直插云霄。阳光、风雨、冰雪塑造着各种地貌，让此处百花齐放，使那里活力四射——我们身边总是有着迷人的奇迹。几乎没有什么比我们脚下的这颗星球更值得保护。

任凭气候变化，阿根廷的佩里托·莫雷诺冰川依旧在生长——这也使它变得独一无二。大片冰川断裂，涌入阿根廷湖，冰川学家将这种现象称为"崩解"。

目录

站在意大利的海尔布隆纳山上，从法国的南针峰到绿针峰，从德鲁峰到杰昂冰河和霞慕尼山谷，白雪皑皑的全景尽收眼底。

目录

澳大利亚的豪勋爵岛披挂着耀眼的绿色，在塔斯曼海绚烂的蓝色世界中熠熠生辉，就色彩斑斓、鲜艳夺目而言，无出其右。

目录

布赖斯峡谷中纤细的红色岩塔从布满石头的地面拔地而起，像一道道管风琴的音管。色彩斑斓的石灰岩地貌，是历经数百万年的风吹雨打形成的。

欧洲

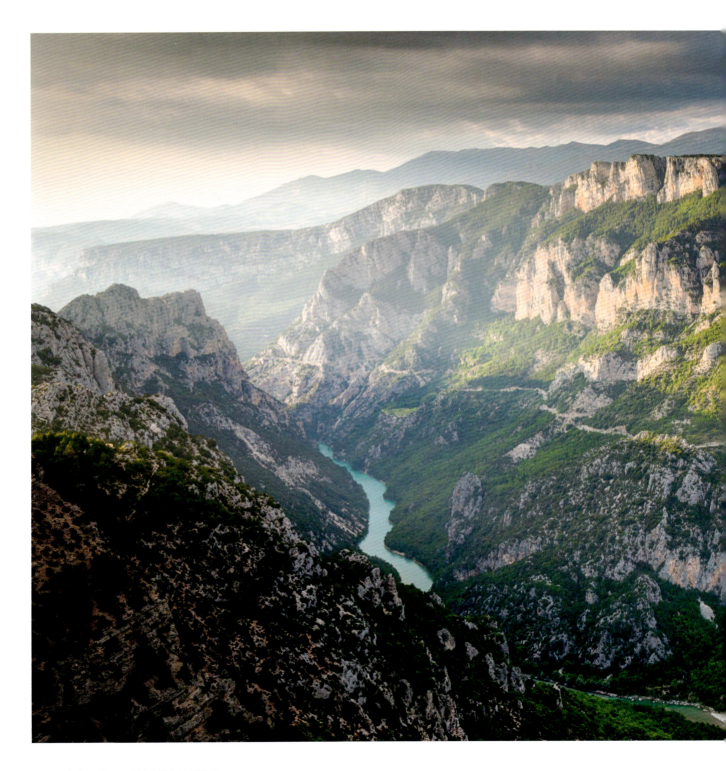

从斯匹次卑尔根岛到西西里岛，从大西洋到乌拉尔山脉，欧洲大陆绵延万里，以温带气候为主，自然空间丰富多样。美洲和非洲早在 19 世纪就已经建立了第一批自然保护区，而欧洲的第一批国家公园直到 1909 年才在瑞典、瑞士、波兰、意大利和如今的斯洛文尼亚设立。德国则于 1970 年（巴伐利亚森林）和 1978 年（贝希特斯加登）设立了首批国家公园。时至今日，欧洲已经拥有 300 余座国家公园。

欧洲也有自己的大峡谷，它位于普罗旺斯，是法国最伟大的自然奇观之一：韦尔东峡谷，全长 21 千米，深 700 米，最窄的两处岩壁之间仅相隔 6 米。

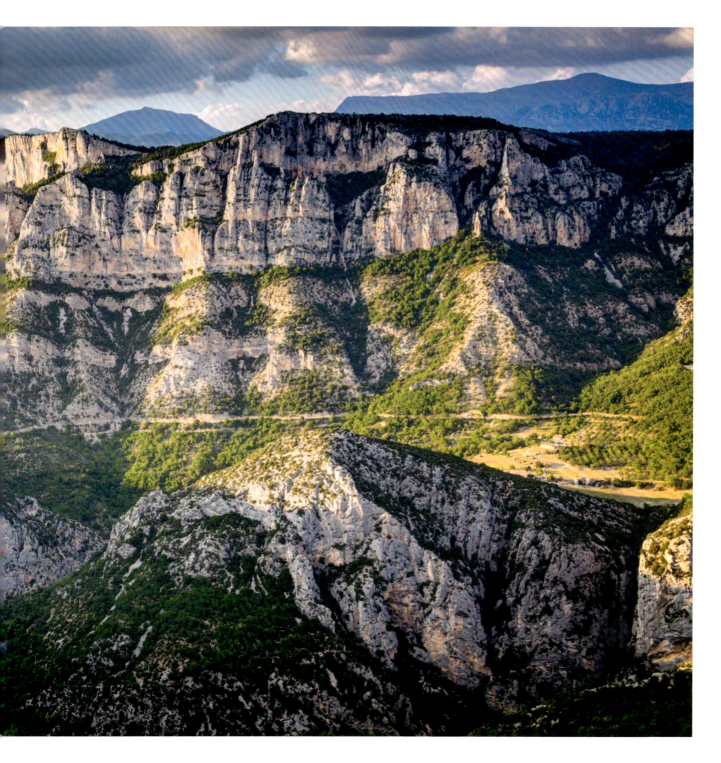

菲拉巴拉克自然公园

菲拉巴拉克自然公园设立于1979年，占地面积为4.7万公顷，海拔500～1281米，最高峰是哈斯科丁格尔峰。"菲拉巴拉克"这个名字，本身就意味着狂野崎岖的高山和深不见底的峡谷。此外，这里还有熔岩平原、冰水沉积平原、湖泊和河流。在过去的一万年里，这里的火山活动相对较少，最近一次有记录的火山喷发是在1480年。劳加劳恩和纳姆斯劳恩黑曜石流，以及北纳姆斯劳恩熔岩流就是在那个时期产生的。"丑水坑"火山口和位于其东北方向的钓鱼湖，也形成自这一时期。在菲拉巴拉克地区，仅平均每500年，就会发生一次火山大喷发。而在此地，水热活动也很强烈，许多炽热的温泉和火山喷气孔即是证明。

基本情况

位置： 位于冰岛南部，兰德曼纳劳卡的周边地区也属于其中

面积： 470 平方千米

一条河流静静地流淌，穿过山谷中的草地。山坡近乎裸露，阴影处仍覆盖着大片的积雪。圆形的山顶呈绿色，和红色的火山岩一起，点缀着这片风景。

流纹岩山体那鲜艳的色彩最具特点，在阳光的照耀下，几乎能映出彩虹的七彩颜色。加之，流纹岩上几乎寸草不生，使这场颜色盛宴的冲击力得到进一步加强。与之相反，褐铁矿山体则布满绿色的苔藓。自然公园中的热门景点是蓝峰和哈尔达峰，以及硫磺山峰的火山喷气孔。

史托克间歇泉　　　黄金瀑布

在右侧这张图中，豪伊瀑布从 122 米高处呼啸而下，涌入深渊。在悬崖的断层上，可以分辨出不同硬度的岩层，它们是在时间长河中不断沉积叠加而成的。

赭色、多孔的岩石，点缀着褐红色和绿色的矿物质斑点。中间是一片不起眼的水洼，泛着波纹：这就是史托克间歇泉，它是赫伊卡达勒谷地热区的旅游胜地。此刻，它正在休息，但也只是稍作休息，因为这口间歇泉会极其规律地向天空喷水。它在慢慢积攒压力，如果仔细观察，你可以看到水的脉动，水中还隆起一个闪着蓝光的泡泡。当水流回地上的裂缝里，就意味着马上要有一场喷发了。史托克间歇泉喷出的泉水足足有 20 米高，令人印象深刻，而且十几分钟就会喷发一次。在地热资源丰富的地区，岩石层中的裂缝含有的热水通过形成水蒸气喷涌而出，就形成了间歇泉。

史托克间歇泉值得信赖：每 10 ~ 15 分钟，这座冰岛最大的间歇泉就会喷发一次。

黄金瀑布是冰岛最美、最受游客喜爱的景点之一。赫维塔河（冰岛语"Hvítá"，意为"白河"）越过交错的两级台阶，从 30 米的高度跌入数千米长的狭窄山谷中。夏天是游客最多的时候，赫维塔河的流量通常能达到每秒 100 立方米，令黄金瀑布成为一道壮丽的奇观。自 1979 年起，黄金瀑布及其周边地区就成了自然保护区。瀑布现属于冰岛的国有财产，它之所以未被用作水力发电，时至今日仍能有涓涓细流流入峡谷，最需要感谢的就是勇敢的西格里德·托马斯多蒂尔，她是一位农夫的女儿，为保卫黄金瀑布进行了激烈的斗争。瀑布附近建有一座纪念碑，以铭记她的功绩。

当巨流落入山谷，一部分水流形成细密的喷雾，散溅到空中，通常还会出现小彩虹。

基本情况

位置: 位于冰岛南部的巴拉斯科加比格尔市，赫伊卡达勒谷。在其附近，坐落着较少喷发的盖锡尔大间歇泉。盖锡尔，音译自冰岛语"Geysir"，意为"间歇泉"，这也是所有间歇泉名字的由来

高度: 25 ~ 35 米

基本情况

位置: 位于冰岛南部（赫伊卡达勒谷地热区）的胡纳曼纳赫勒普尔市和巴拉斯科加比格尔市之间

宽度: 229 米

河流: 赫维塔河

豪伊瀑布位于海克拉火山以北，是继莫萨瀑布和格里穆尔瀑布之后，冰岛第三高的瀑布。福斯河（法罗语"Fossá"，意为"有瀑布的河"）从海拔 122 米的陡峭悬崖上倾泻到深渊之中。就在不远处还有一座瀑布，格拉尼瀑布（冰岛语"Granni"，意为"邻居"），它也倾泻进同一个深谷，同样值得一看。如果你有幸在阳光明媚的日子里同时观赏这两座瀑布，

豪伊瀑布

你会在水雾之中看到一道美丽的彩虹。

因为只有一条崎岖的山路通向豪伊瀑布，人们只能乘越野车或步行前往。徒步路线始于维京人遗迹斯多恩，穿过福斯河谷，沿途没有任何标记，部分路段被色彩斑斓的流纹岩山岩所环绕。步行 3 小时后，就能抵达瀑布顶端了。有一条狭窄崎岖的小路从山顶顺着山坡延伸到瀑布脚下，那里有一片绿洲。

基本情况

位置: 位于冰岛南部的约斯河谷和福斯河谷之间

宽度: 12 米

河流: 约萨达尔的福斯河

瓦特纳冰川国家公园
联合国教科文组织世界遗产

  2008 年，瓦特纳冰川国家公园成立，占地面积超 1.4 万平方千米，是欧洲最大的国家公园。它将整个瓦特纳冰川都纳入园中，还包括当年独立存在的斯卡夫塔山国家公园和杰古沙格鲁夫尔国家公园，以及阿斯恰和海尔聚布雷兹火山群。与冰岛许多别的冰川一样，瓦特纳冰川并不是形成于上一个冰河期，而是形成于约 2500 年以前。15—19 世纪，即所谓的小冰河期，其生长速度尤为迅猛。但自那以后，冰川又开始萎缩。瓦特纳冰川的北部位于高地的中央，通往那里的山路崎岖不平，只能乘坐四驱越野车才可抵达。而沿着冰川的南部边缘，则建有一条长长的环形公路。通常，冰层几乎会延伸到海岸边，这条环线只有在无冰地段才能勉强挤出一条狭窄的路。从西边的教堂镇一直到东边的赫本镇，冰山近在眼前，人们可以领略冰岛最迷人的一段风景。穿过巨大的斯凯达拉尔冰水沉积平原，绕一小段路，就能见到冰川舌和冰川湖，湖上还漂着冰山。但只有当人们登上某座山峰，看到从脚下到地平线尽头皆是一片闪亮的冰面，才能知晓这位"冰雪巨人"的真实体量。

这座冰岛最大的国家公园，融合了冰川和火山、葱绿的草地和嶙峋的山岩、壮丽的瀑布和滚烫的温泉，形成了一种独一无二的美，令人流连忘返。

基本情况

位置：位于冰岛东南部
面积：1.42 万平方千米
成立时间：2008 年
2019 年被列入联合国教科文组织《世界遗产名录》

到了夏天，瓦特纳冰川国家公园的部分地区是一些鸟类的繁殖地。北极燕鸥就在潟湖附近。由于这些鸟在地面孵蛋，鸟蛋被粗心的行人踩碎的事情时有发生。

罗弗敦群岛

　　罗弗敦群岛的风景宛如童话仙境，它也有着"挪威海的阿尔卑斯山"之美誉。事实上，这里的山峰和山坡上的草地很像瑞士连绵的群山，只不过这里的山脚翻滚着海浪。这片长长的岛屿群，得名于其中一座岛屿的维京名"Vestvågøy"，最初叫作"Lófóten"，意为"猞猁脚"，据说这座岛屿形似猞猁

脚。如今，最重要的几座岛屿是以桥或隧道相连通的。罗弗敦群岛位于北极圈以内，因此这里的冬夜漫长，但湾流也保证了群岛的气候温和。渔民已经在这里生活了6000多年，挂着鳕鱼的晾鱼架和传统的渔民小屋，见证着历史。同时，除了捕鱼，旅游业也是岛上居民重要的收入来源之一。

基本情况

位置：80 座岛屿都位于北极圈以内，属于挪威诺尔兰郡
面积：1227 平方千米

　　陡峭的山岩、洁白的沙滩、蜿蜒的河流和辽阔的大海——神奇的罗弗敦岛屿世界将这一切都融为一体，散发着无尽的魅力。从高处俯瞰，可以欣赏到最佳风景，比如站到奥弗瑟伊峰上。

左图：西沃格岛的群山世界。嶙峋的山峰点缀着白雪，山头之上是变幻莫测的云层。有些陡峭的山峰甚至高出海平面达1000米。

盖朗厄尔峡湾
联合国教科文组织世界遗产

　　盖朗厄尔峡湾是世界上最美丽的风景之一，于 2005 年被列入联合国教科文组织《世界遗产名录》。它是全长 120 千米的斯图尔峡湾最靠内的分支，每年有超过 150 艘来自世界各地的游轮穿越这里。从船里望出去，能看到三座著名的瀑布："七姐妹""求婚者"和"新娘的面纱"。这片峡湾的尽头是只有 250 名居民的盖朗厄尔村，在夏天，海达路德游轮公司（由挪威人理查德·韦特于 1893 年成立，目前拥有十余艘游轮，往来于挪威、南极、格陵兰、冰岛等地——译者注）的船也会停在这里。厄尔纳隘口公路，即著名的"老鹰之路"，从盖朗厄尔峡湾蜿蜒盘旋至其北边的努达尔峡湾，沿途分布着许多观景台，是整个斯堪的纳维亚半岛最惊心动魄的一段山路，也是令许多游客最难以忘怀的。而弗吕达尔峰则只能徒步前往，这座山峰垂直高出峡湾 1112 米，站在那里的观景台上能领略最壮观的景色。

基本情况

位置： 地处挪威默勒 – 鲁姆斯达尔郡，位于卑尔根东北方向约 200 千米、奥斯陆西北方向约 280 千米
长度： 15 千米
2005 年被列入联合国教科文组织《世界遗产名录》

盖朗厄尔峡湾是挪威峡湾中皇冠上的一颗明珠：独具特色的 S 形航道，从深山中飞流直下的瀑布，比如下图右侧的"七姐妹"瀑布。

在峡湾两岸陡峭的山坡上，至今还能看到许多被遗弃的山中小屋。一些屋舍通过返修，作为重要的历史文化景点保留下来。

尤通黑门山国家公园

尤通黑门山国家公园建立于 1980 年，拥有北欧地区最高峰——加尔赫峰，这座海拔高达 2469 米的山峰也是斯堪的纳维亚半岛上的最高峰。另有超过 200 座海拔在 2000 米以上的山峰耸立在这片被冰川覆盖的半岛上，构成壮美的山地风光。该国家公园不仅是徒步爱好者的天堂，那里的河流湖泊也同样让水上运动爱好者流连忘返。在公园的东侧，挪威最著名的徒步线路沿着贝斯山脊，高高横亘于祖母绿色的延德湖上。在西挪威一侧的山峦以巍峨险峻著称，而东挪威一侧的地形总体上则较为平缓。群山之中植物种类丰富，同时也是诸如驯鹿、麋鹿、狍子、狐狸、鼬、貂、猞猁等许多动物的家园。

基本情况

位置：位于挪威奥普兰郡的洛姆市、瓦加市和旺市，以及松恩－菲尤拉讷郡的吕斯特市、奥达尔市（奥普兰郡和松恩－菲尤拉讷郡为 2020 年前的行政区划。洛姆市、瓦加市和旺市现属于内陆郡，吕斯特市和奥达尔市现属于西部郡——译者注）

面积：1155 平方千米

成立时间：1980 年

尤通黑门山国家公园的山地风光与
阿尔卑斯山相似，其得名源于北欧传说。
"尤通黑门山"意为"巨人的家园"，当然，
妖魔和小矮人也常在这里游荡。

尤其到了六月，挪威五彩斑
斓的草地格外吸引人。特别是在
海拔 300 ～ 600 米，许多植物
生长得尤为繁茂。在这段时间，
尤通黑门山国家公园内，春白头
翁随处可见（左图）。

哈灵山国家公园

虽然狡猾的红狐试图抢走金雕的战利品，但这只巨大的猛禽最终还是占了上风（下页小图）。它牢牢抓住猎物的尸体，还将对手打得落荒而逃。

哈灵山国家公园位于卑尔根东部135千米的地方，是为了保护大片高地而建立的。在450平方千米的公园内，部分山峰海拔高达1933米。弗拉卡湖的海拔足有1453米，因此也成为挪威地势最高的湖泊。在这片被草垫覆盖的高地上，有300多种草类、蕨类和开花植物，如高山龙胆、高山婆婆纳和小白兰，部分还是北极植物。不仅植物世界极富北极－高山特点，动物世界也如是：公园为北极狐、雪兔、麋鹿以及大批山地驯鹿和金雕提供了栖息之所。公园中的一条古老的贸易路线上，分布着许多管理妥当的山中小屋和历史悠久的避难小屋，可以为徒步者提供过夜的地方。

基本情况

位置：位于挪威布斯克吕郡的霍尔市、霍达兰郡的于尔维克市和松恩－菲尤拉讷郡的艾于兰市（布斯克吕郡、霍达兰郡和松恩－菲尤拉讷郡为2020年前的行政区划。霍尔市现属于维肯郡，于尔维克市和艾于兰市现属于西部郡——译者注）

面积：450平方千米

成立时间：2006年

岭阁达尔湖和“恶魔之舌”

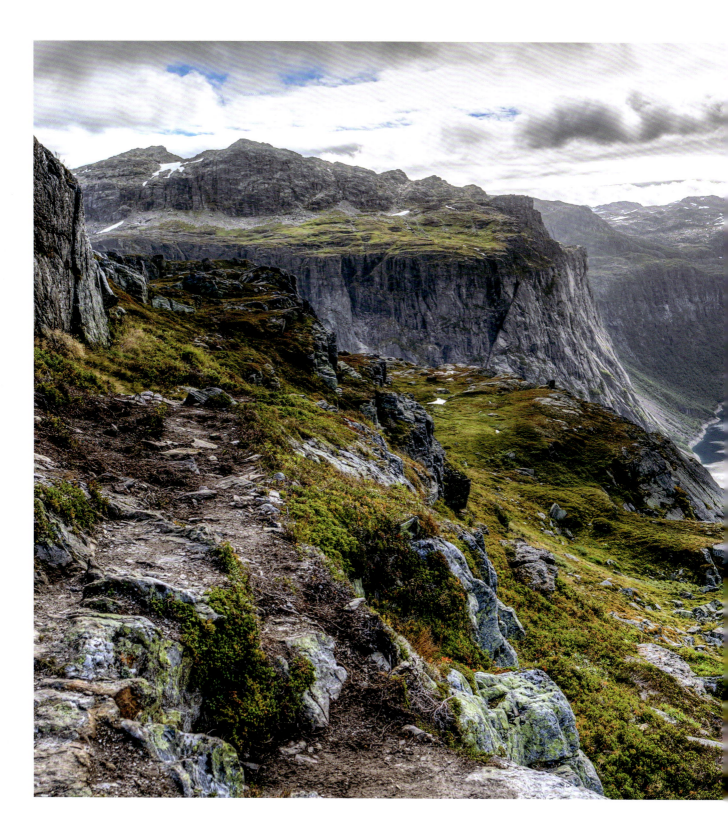

岭阁达尔湖和 "恶魔之舌"

　　挪威最壮观的观景台位于奥达镇东北部的 "恶魔之舌" 上，这是一块横向延伸出近 10 米的岩石，形似一条舌头。当你从谢格达尔出发，走完 12 千米长的上坡路，来到 "恶魔之舌"，就会欣赏到一番令你难忘的风景：从海拔 700 米的高处俯瞰，岭阁达尔湖深蓝的湖水，怀抱于白雪皑皑的蒂瑟达尔山

中。每年会有 4 万多名游客登上这块岩石。2014 年以前，人们还能乘坐马格里地面缆车通过部分路段，缩短登坡时间。但自从缆车停运后，人们要想登上 "恶魔之舌"，就只能徒步 10 ~ 12 小时了。迄今为止，任何站到 "恶魔之舌" 上的人，都会发出 "真是不虚此行" 的感慨。

基本情况

位置： 位于挪威霍达兰郡，索尔峡湾边上的奥达镇的东北方向

长度： 10 米

高度： 海拔 700 米

　　站在"恶魔之舌"上，可以俯瞰群山和堰塞湖——岭阁达尔湖。对许多游客而言，站在这块惹眼的岩石上拍张照片，绝对是他们挪威之行的高光时刻。

在挪威神话里，阳光照耀下，妖怪就会变成石头。相传，一只调皮的妖怪不信邪，非要一试真假，于是它在日出的时候把舌头伸出了洞穴。

萨勒克国家公园
联合国教科文组织世界遗产

萨勒克国家公园展现了美丽大自然那激动人心的每一面，不沾染旅游业的庸俗气息。从空中俯瞰，只见河流在浓郁的绿色美景中奔流而过。公园里没有路，这片如画的美景便也不含半点瑕疵。绿松石色的湖泊大小不一，点染其间。在这里，一切都由大自然说了算。这里寂静的大森林，无垠的西伯利

亚针叶林，令只可远观的拉普兰荒野展现出它最秀美的一面。萨勒克国家公园和其他公园一道，构成了联合国教科文组织世界文化遗产"拉普兰区域"。它是瑞典最天然原始的国家公园，将高原、峡谷、白桦林和山峦有机融合，令人印象深刻。还有近 100 座冰川坐落在此地。

基本情况

位置： 位于拉普兰地区，瑞典北博滕省的约克莫克镇
面积： 1970 平方千米
成立时间： 1909 年
1996 年被列入联合国教科文组织《世界遗产名录》

在 13 座瑞典高山中，有 6 座位于萨勒克国家公园。设立这座公园的初衷并不是为了旅游业：这片自然原始的地域人迹罕至，萨米人自古以来就住在这里。

欧洲最后的原始地区之一，许多不惧大自然恶劣条件的动物栖息在此，包括欧金鸻、旅鼠、岩雷鸟（上方小图，由上到下），以及雄壮威武的麋鹿（左图）。

下达尔河
联合国教科文组织生物圈保护区

沿着下达尔河，一番独特的风景徐徐展开。2011年，这里被认定为联合国教科文组织生物圈保护区。由东达尔河与西达尔河汇合而成的达尔河最终汇入波罗的海，全长542千米，是瑞典最长的河流。在其下游，大量的河水聚集，形成诸多大湖泊。下达尔河的河景构成了北欧两种植被带的分界线，中欧典型的落叶林和逐渐显现的针叶林交织在一起，赋予该地区一种独一无二的多彩之美。动物和植物都从中获益颇多，这里也展现出极其丰富的物种多样性。霍夫兰湖和费讷布湾都属于这片生物圈保护区，霍夫兰地区和费讷布湾都被列入了《国际重要湿地名录》。

基本情况

位置：位于瑞典首都斯德哥尔摩以北100千米

面积：3080平方千米

2011年被认定为联合国教科文组织生物圈保护区

沐浴在午后斜阳里，下达尔河畔呈现出一片宁静祥和的景色。生物圈保护区离斯德哥尔摩不远，但喧嚣的大都市生活却远在天边。

捕食者之间：白尾海雕主要捕食鱼类和水鸟（左一图）。白斑狗鱼是一种凶猛的非洄游鱼，喜欢在岸边安静的地方游弋（左二图）。

法罗群岛

　　法罗群岛位于北大西洋，地处不列颠群岛、挪威和冰岛之间，由17座有人岛和若干无人岛组成。法罗群岛是丹麦的海外自治领地。大约6000万年前，火山爆发的熔岩形成了这片岛屿。群岛呈锐角三角形，北起恩尼贝格，南至苏比亚施坦努尔，南北长118千米，西起米基内斯霍穆尔，东至富格尔岛，东西宽约75千米。这些岛上的任何地方距离大海都不超过5千米。能见度高的时候，从最高的斯莱塔拉山上望去，能一览整片群岛。世界上最高的悬崖就耸立在这里，垂直于海平面754米。

独一无二的角落：湾流赐予了法罗群岛相对温和的气候，以及大部分时候清新的空气。当然，瞬息万变的天气也并不罕见。

海鹦的喙是亮橙色的，岛屿与世隔绝让它们如鱼得水：这里既没有爬行动物，也没有大型哺乳动物，不会对它们造成威胁。

基本情况

位置： 位于北大西洋，地处不列颠群岛、挪威和冰岛之间

面积： 1399 平方千米

奥兰卡国家公园

常言道，人们有时会只见树木，不见森林。而在芬兰拉普兰地区南部的奥兰卡国家公园，你只能看到郁郁葱葱的森林。芬兰的森林覆盖率十分惊人，达到了国土面积的 2/3，这一点在奥兰卡国家公园得到了淋漓尽致的体现。这是一个由山谷、大峡谷和荒原构成的世界，

人迹罕至、荒芜原始，猞猁、狼、貂熊和棕熊栖息在此。园区里万籁俱寂。森林给人一种仿佛亘古至今它就存在于此的感觉。但其实在 20 世纪初，一场可怕的森林大火将整片地区化为了灰烬。因此这片森林还相对年轻，对严寒有极强的抵抗力。

基本情况

位置: 位于芬兰北博滕区的凯莱镇、朱玛镇和豪塔耶尔维镇
面积: 290 平方千米
成立时间: 1956 年

远离人类文明，大自然是这里的主人：北噪鸦会发出 25 种声音，提醒自己的同类有危险，太平鸟、黑琴鸡、松鸡也能从中受益。

茹文塔斯
联合国教科文组织生物圈保护区

　　茹文塔斯是立陶宛的第一个自然保护区，于 1937 年设立，2011 年被认定为联合国教科文组织生物圈保护区。茹文塔斯位于尼曼河 [立陶宛语 "Nemunas"，即德国所称 "梅梅尔河"（Memel）——译者注] 中游和涅里斯河上游。该保护区包含茹文塔斯湖、阿玛尔瓦湖及其湿地，此外还有扎利蒂斯湖及其附近的沼泽，以及布克塔森林。虽然保护区拥有 1000 余种植物，但保护区最著名的还是丰富多样的鸟类。在立陶宛有记录的 300 种鸟类中，可以在保护区找到 250 余种，约 130 种在保护区周边繁衍。两条天然小路为这片区域的保护工作做出了贡献：一条自然小路穿越布克塔森林，沿途可以了解许多珍奇的植物和鸟类；另一条则是专门观鸟的小路。

茹文塔斯生物圈保护区位于立陶宛南部的洼地，沿同名湖泊延展开来。由于土地潮湿泥泞，交通并不方便。

　　为了保护区内丰富的动植物资源，只有获得许可并在一名向导陪同下才能进入这片生物圈保护区。右上图动物依次为白喉林莺、白鹳、草原石䳭。左图是一只躲在草丛里的小鹿。

基本情况

位置： 位于立陶宛南部，苏瓦尔基亚地区和朱基亚地区交界处
面积： 600 平方千米
成立时间： 1937 年
2011 年被认定为联合国教科文组织生物圈保护区

莫赫悬崖
联合国教科文组织世界地质公园

在利斯坎诺和杜林之间的部分地区，悬崖高耸超 200 米，可以一览海岸全景，使人心潮澎湃。徒步爱好者可以在这里体验一条长达 35 千米的美丽线路。站在莫赫悬崖上向下俯瞰，令人眩晕，眼前飞溅的浪花和耸立的海蚀柱让人领略到大西洋波涛的力量。遗憾的是，由于游客众多，停车场、咖啡馆和观景台等服务设施挡住了自然景观，特别是在建于 1835 年的瞭望塔——奥布莱恩塔附近，风景并不太美丽。在悬崖峭壁的南端，哈格角（意为"女巫的头"，位于莫赫悬崖最南端，此处的悬崖形成一个奇特的岩石地形，如同向海眺望的女人的头——译者注）如遗世独立一般，尤其到了傍晚时分，落日余晖映亮了砂岩和板岩构成的巨大峭壁岩层，形成一派壮丽的奇观。

基本情况

位置: 位于爱尔兰克莱尔郡西北部的喀斯特地貌区
面积: 530 平方千米
2015 年被认定为联合国教科文组织世界地质公园

不到莫赫悬崖游览一番，爱尔兰之旅就不够完整。这些传奇般存在的陡峭悬崖，最高处可达海拔 214 米，是 20 余种海鸟的栖息地。

　　莫赫悬崖是爱尔兰最著名的悬崖。其名称源于"莫塔"（Mothar）一词，意为一片长满植物的废墟，是芒斯特省曾经的一位首领的居所。在悬崖附近的哈格角上有一座古老的石头堡——莫赫塔，莫赫悬崖就得名于此。

巨人之路
联合国教科文组织世界遗产

　　堤道海岸最主要的景点就是巨人之路,从布什米尔斯乘观光火车可以抵达。这片自然奇观的名字来源于当地流传甚广的一个传说。相传,爱尔兰巨人芬恩面对对手的挑战,在大海上建造了一条通往苏格兰的石头路,而苏格兰西部的斯塔法岛上也有类似的玄武岩地貌。对于这处于 1986 年被联合国教科文组织列入《世界遗产名录》的奇观,科学家则给出了一个更为理智的解释:大约 6000 万年前,地下喷发的岩浆流向大海,慢慢冷却、结晶,形成了这片地貌。大约有 4 万根、近 6 米高的玄武岩柱从海中伸出,形成了一个向外突出 5 千米长的岬角。

基本情况

位置: 位于北爱尔兰安特里姆郡的北部海岸,布什米尔斯以东,距贝尔法斯特约 80 千米

面积: 0.7 平方千米

1986 年被列入联合国教科文组织《世界遗产名录》

巨人之路形似巨大的楼梯。这些玄武岩石柱大多为六边形，其中也有四边形、五边形、七边形甚至八边形的石柱。

约翰·D.萨特尔为拍摄美国有线电视新闻网的一档电视节目，曾经顺时针绕着这座北爱尔兰小岛游览了一圈。他对巨人之路的描述，对人们了解这里的奇特之处颇具启发意义："一座岩石峡谷，装扮着完美的绿色，幻化成一片火山喷发后形成的岩石地貌，看上去是如此的超现实：几近完美的六边形石柱矗立在那里，一个挨着一个，就像拼图的一个个碎片。"

设得兰群岛
联合国教科文组织世界地质公园

　　谁要是认为苏格兰人是自己人，他一定得上设得兰群岛上逛一逛。这里的居民认为自己不是苏格兰人，当然也不是英国人，他们是设得兰人。这里的一切都与众不同。就气候而言，冬天漫长却气候温和，夏天短暂且凉爽；就光照而言，到了夏天，这里的天色不会变黑；至于动物，显然，这里有著名的设得兰小矮马，也有鲸和数不尽的海鸟；至于

语言，1469 年，因挪威国王克里斯蒂安一世将约 100 座岛屿（其中 16 座有人居住）拱手相让，这片群岛才不再属于斯堪的纳维亚。但历史的痕迹随处可见。到处都能听到古北欧语，比如几乎每一个地名的叫法和带有典型斯堪的纳维亚音调的地区方言。特别值得一提的是，在地质公园里，穿越埃沙内斯附近死火山的那一段悬崖之路。

基本情况

位置: 位于苏格兰北海岸之外
成立时间: 2000 年
2015 年被认定为联合国教科文组织世界地质公园

如果你喜欢由棕榈树环绕的细腻海滩，设得兰群岛就不适合你。这里的风景棱角分明。你可以在这里享受文化的融合和宁静祥和的氛围。如果你想与上百万只海鸟共享时光，到这里来就对了。

许多海鸟在悬崖上筑巢，包括海鹦、海鸥、鸬鹚和海鹦。到了秋天，大部分海鸟会迁徙离开，只能见到鲣鸟还生活在布满岩石的海滩上，在一众甲壳动物之间。对了，这些"带壳儿的"也是苏格兰传统美食的重要组成部分。这里的海水更干净，龙虾和贝类的品质更上乘。

凄艳谷

角锥形的山体，同法老的金字塔一般完美：这座山叫"埃蒂夫的伟大守护者"，海拔 1022 米，犹如一位冷酷的统治者，端坐在凄艳谷（直译为"格伦科谷"，由于 1692 年的屠杀，这里又被称作"哭泣的山谷"。2015 年，在英国旅游局举办的"英国等你来命名"活动中，"凄艳谷"被评为"自然奇观"主题里"最受欢迎命名"之一——译者注）之上。

当四下腾起乡间特有的薄雾，凄艳谷——这里的村庄叫作格伦科——就变幻成一幅神秘的风景画，人们的思绪或许会飘回那场声名狼藉的"格伦科大屠杀"。1692 年的一个冬夜，数十名男女老少被屠杀于此。如今，山谷一片宁静祥和，深受徒步爱好者喜爱。徒步者在本内维斯山以南，海拔 1344 米的英国最高峰，能够领略梦境般的山地风光。这里有陡峭崎岖、白雪皑皑的山坡，被冰川侵蚀的山谷，以及瀑布、湖泊、沼泽和各种苔原植物。然而，尽管这里的自然风光秀美，但苏格兰变幻莫测的天气仍然不容小觑。

冬季运动爱好者、徒步爱好者和登山爱好者，都会钟情于凄艳谷那野性和浪漫之美。许多电影，如《007：大破天幕杀机》，都曾在此取景。

基本情况

位置： 位于苏格兰高地议会区，游览的起点通常是附近的威廉堡
长度： 16 千米

洛蒙德湖与特罗萨克斯国家公园

在苏格兰低地与高地交汇地带，安妮公主于 2002 年设立了这座占地面积为 1900 平方千米的国家公园。公园的名字透露了它所涵盖的区域：其一是洛蒙德湖，它以林木茂盛的湖畔风光和湖中岛屿著称；其二是特罗萨克斯，那里古木参天。森林区位于公园的东部，这里还有许多小湖泊和山丘。但最高的山峰，海拔 1174 米的本莫尔山则位于公园的北部，处于公园的第三片区域——布雷多尔本。第四片区域叫作阿盖尔森林公园。当人们离开低地向高地进发，就会路过洛蒙德湖。一条车水马龙的公路途经湖西岸，徒步爱好者更钟情于湖东岸，那里更为宁静，自然风光更加原始。

基本情况

位置： 地理上划分为 4 个区域：洛蒙德湖、特罗萨克斯、布雷多尔本和阿盖尔森林公园

面积： 1900 平方千米

成立时间： 2002 年

茂密的原始森林，诸多小湖泊，这片区域被称作特罗萨克斯。洛蒙德湖是英国最大的湖泊，你甚至可能在这里偶遇洛蒙德湖水怪。

特罗萨克斯出了一位叫作罗布·罗伊（Rob Roy，全称为 Robert Roy MacGregor）的英雄。他是一位贩牛商人，被人称为"苏格兰的罗宾汉"。公园里有一处服务中心介绍了他的生平，他的陵墓也在公园内。

峰区国家公园

被工业城市曼彻斯特、谢菲尔德和斯托克包围的峰区国家公园是英格兰历史最悠久的国家公园。但城市居民亲近大自然的出游，最初是靠他们自己强力争取到的：1932 年，市民们在这里"集体散步"，这虽然是违法的，但却使这座大部分区域属于德文郡公爵私有领土的公园向公众开放。徒步依然是峰区最受

欢迎的运动，但骑行、骑马、登山和滑翔伞等运动的爱好者在这里也能享受乐趣。在北部海拔约 636 米的金德斯考特峰，即"黑峰"周围，是大片的石楠花、高沼地、孤零零的山峰以及壮阔的岩石地貌；而在南部，"白峰"则呈现一片秀美的绿色丘陵地貌，有石灰石高原、植被茂密的山谷和美丽的小村庄。

基本情况

位置： 黑峰位于英格兰大曼彻斯特郡、约克郡，白峰所处地区包括斯塔福德郡、德比郡和柴郡

面积： 1404 平方千米

成立时间： 1951 年

卡斯尔顿是德比郡的一个村庄，位于峰区国家公园希望谷的尽头，三面环山，山上有佩弗利尔城堡的遗迹。

帕德利峡谷里有一个美丽的小瀑布，流水潺潺，令人惊喜，它隐藏在格林德尔福德附近的森林中（左一图）。

雪墩山国家公园

风景如画的奥格文山谷和林瑙－蒙拜尔湖绘就了凯珀尔基里格的风景。周围的一些山峰海拔高达 900 米，比如西雅伯德山。

相传，曾经有个叫作罗达的巨人住在山顶。他每杀死一个国王，就把他的胡子编成斗篷披在身上。这件斗篷变得越来越厚实，直到亚瑟王出现，他不想献出自己的胡须，就杀死了这个恶魔。自此以后，罗达就长眠于这座山上，威尔士人将他的坟墓称作"Yr Wyddfa"，翻译成英语就是"Snowdon"（斯诺登山），这不仅是雪墩山国家公园名字的由来，

也是威尔士的最高峰，位于该国家公园的北部地区。这里的山地湖泊蓝得深不见底，山坡绿得如鬼魅迷幻。但这一切色彩常常被雾气和云彩吞没，云雾如悄然潜行的洪水，遮蔽了风景。这里每年的降水量超过 5 米，夏季酷热，冬季严寒，刺骨的寒风让人无处可逃。

林瑙－蒙拜尔湖（上图）是由水道相连而成的两个湖，位于国家公园内的达夫林蒙拜尔山谷。

基本情况

位置: 位于威尔士西部
面积: 2170 平方千米
成立时间: 1951 年

上汝拉山大区自然公园

杜河蜿蜒曲折地流淌过自然公园，如同施了魔法一般，让公园变成一个近乎神秘的国度。

　　汝拉山脉东南临近瑞士边境，海拔1720 米的"雪山之脊"俯瞰着上汝拉山大区自然公园。在这片高海拔地区，石灰岩是主要的岩石。越往西行进，地势就越平坦，诸如修道院湖、泥炭沼泽等水域湖泊，都是在不透水的泥灰岩层上形成的。大片的云杉林为鹿、野猪、獾和貂提供了休养生息的地方。就连最羞涩的猞猁也常在园区里游荡，但却很少被人发现。该公园还是一片有人居住的自然保护区，居民以饲养奶牛和加工奶酪为生，或者从事宝石加工、钟表制作等行业，使这片区域保持着活力。

基本情况

位置： 位于法国勃艮第 – 弗朗什 – 孔泰大区以及奥弗涅 – 罗讷 – 阿尔卑斯大区的杜省、汝拉省和安省

面积： 1780 平方千米

成立时间： 1986 年

位于博姆莱梅雪尔小镇的图弗瀑布，
湍急的水流咆哮着倾泻而下。

阿尔代什山大区自然公园

　　阿尔代什河流经阿尔代什山大区自然公园，是一条有着许多传说的河流。例如，蒂埃镇附近有一座桥，叫魔鬼桥，相传是由一个魔鬼建造而成的，目的就是引诱蒂埃镇上的童男童女，勾走他们的灵魂。据说，在狂风怒吼的日子里，人们还能听到深谷中传来的哀号。但如果没有被这些故事吓倒，你就会发现此处的自然风景丰富多彩、变化多样：北边是大片的冷杉林，中部满是栗子种植园的古老梯田，南部是贫瘠的高原。格尔比耶德－容克火山现在已经是一座死火山了，海拔1553米，人们可以爬上山顶，然后在阿尔代什河中酣畅淋漓地洗个澡。

基本情况

位置： 位于法国奥弗涅－罗讷－阿尔卑斯大区，阿尔代什省和上卢瓦尔省

面积： 2280平方千米

成立时间： 2001年

雄伟的阿尔代什峡谷是独木舟和皮划艇爱好者心目中经典的打卡地。这里的公路视野开阔，吸引着许多摩托车和自行车骑行爱好者。

阿尔代什河谷也被誉为"欧洲的科罗拉多大峡谷"。

韦尔东大区自然公园

  六月，瓦朗索勒周围的景色便焕然一新，成了一片独一无二、芳香扑鼻的花海。此处种植了大片薰衣草，在八月收获的季节到来前，薰衣草就会盛开。浓郁的香气和鲜明的色彩，不但吸引了大批游客，也让无数蜜蜂和大黄蜂难以抗拒这份诱惑，由此便诞生了当地一种特产美味——薰衣草蜂蜜。瓦朗索勒的蜜蜂博物馆是对这些勤劳的小家伙最好的致敬，它们不仅为薰衣草授粉，还为当地的杏树授粉。韦尔东大区自然公园拥有宏伟的大峡谷，瓦朗索勒高原的北部就位于公园中央，这里森林茂密，丘陵起伏，因此并未进行太多农业开发。

基本情况

位置： 位于法国普罗旺斯 – 阿尔卑斯 – 蓝色海岸大区，上普罗旺斯阿尔卑斯省和瓦尔省

面积： 1930 平方千米

成立时间： 1997 年

醒目薰衣草汇成的紫色花海。醒目薰衣草是真薰衣草和穗花薰衣草的天然杂交种。种植薰衣草是为了萃取香精和精油。

与其相映成趣的，是一片金黄色的向日葵花海。向日葵田在整个普罗旺斯也随处可见。

卡朗格海湾国家公园

颇具异域风情的卡朗格海湾国家公园紧邻港口城市马赛。青绿色的地中海海水冲击着高耸的悬崖，岩石上覆满了绿色植被。除了约 90 平方千米的陆地，这座国家公园还包括约 430 平方千米海域。陡峭的石灰岩悬崖泥土稀少，但却直接临海，形成了独特的动植物群。除了珍稀花卉和草药，此处还生活着珊瑚、蝙蝠甚至海豚等受保护动物。对于登山爱好者和徒步爱好者而言，这座公园就是一个天堂，不同难度和不同高度的登山路线都能让人们在大自然中流连忘返一整天，欣赏这片地区和地中海那令人难以置信的美丽全貌。

基本情况

位置: 位于法国普罗旺斯 – 阿尔卑斯 – 蓝色海岸大区，罗讷河口省，靠近马赛

面积: 520 平方千米

成立时间: 2012 年

这座公园紧邻大都市马赛，这证明保护自然和城市生活并非不可兼得。

类似峡湾的卡朗格海湾是法国南部著名的旅游景点之一，其海岸地质为石灰岩。在这片田园风光中，人们可以通过诸如沿着海岸线徒步等方式享受宁静，重获力量。

石勒苏益格 – 荷尔斯泰因北海浅滩国家公园

联合国教科文组织世界遗产

这里的景色时而散发着宁静的气息，时而又被大自然狂暴的力量肆意蹂躏。前一秒看似无垠的辽阔还让人沉醉其中，顷刻间的狂风暴雨又令人无比着迷。这是德国最大的国家公园，面积超过 4400 平方千米，从易北河口一直延伸至丹麦边境。中世纪时期，此处很大一部分土地还是坚实的陆地。但是风暴潮一次又一次撕扯，最终残留下一片形状独特的地貌：北弗里西亚群岛、哈里根群岛以及许多小沙洲。大海一天会释放两次"猎物"，露出一片生物的栖息地，该区域初看貌似荒凉，实际上却是最具活力，同时也最脆弱的生态系统之一。

基本情况

位置： 位于德国石勒苏益格 – 荷尔斯泰因州西部，毗邻北海，距此最近的城市是胡苏姆

面积： 4415 平方千米

成立时间： 1985 年

2009 年被列入联合国教科文组织《世界遗产名录》

远眺地平线，云朵千姿百态，光线不断变幻，大海呈现出多种色彩，赋予了石勒苏益格－荷尔斯泰因北海浅滩独有的魅力。

韦斯特黑沃

以前，艾德施泰特地区主要用于农业生产。随着国家公园的建立，农业便受到了限制。此后，人们可以看到沿海盐碱滩不断扩大，潮间带也成了鸟儿的天堂。

叙尔特岛：兰图姆盆地

1936 年，纳粹党挖掘了这片盆地，用以建造降落水上飞机的机场。1962 年，这里的自然环境才得以恢复，后来，这片水域竟然成了海鸟的天堂。

海岛总会在傍晚时分露出其最迷人的一面：大图中的阿姆鲁姆岛，左一图中的"赤色悬崖"，以及左二图中叙尔特岛上的"肘弯海滩"。

前波莫瑞浅海湾国家公园

　　前波莫瑞浅海湾国家公园内的水域面积约为 680 平方千米，岛屿和陆地海岸的面积约为 125 平方千米。除浅海湾本身之外，还有沙丘、海滩、沙嘴和湖泊等景致。这里的海岸既陡峭，又平坦，还有一片区域是原始森林，其中松树、山毛榉、桤木和桦树是主要树种。在中欧，没有任何地方像这里一样栖息着这么多鹤。总之，这里是鸟类爱好者的天堂：可以观察到 100 多种水禽和涉禽，其中就包括扇尾沙锥。它的叫声听起来像羊在"咩咩"叫，辨识度很高，因此它也获得了"天山羊"的绰号。许多昆虫惬意地生活在盐碱滩和芦苇丛中；与波罗的海隔开的浅海湾水域中，还能发现鲈鱼、梭鲈甚至鳗鱼。

基本情况

位置： 位于达斯岑斯特半岛和吕根岛的西岸之间，距此最近的城市是施特拉尔松德
面积： 786 平方千米
成立时间： 1990 年

在达斯岑斯特半岛北部的岬角——达斯角的沙丘上，生长着许多固沙草。这片自然保护区内用于徒步的路网十分丰富，当然，游客也只能沿着这些小径游览。

在达斯地区的西侧海滩，伫立着达斯原始森林，林中的云杉、冷杉和落叶松刻满了风霜的痕迹。

萨克森小瑞士国家公园

德国几乎再没有像萨克森小瑞士一样能吸引如此多的艺术家的景色。卡斯帕·大卫·弗里德里希等画家就曾在这里迸发出许多创作灵感。

很少有一处风景能像萨克森小瑞士一样，激发出 19 世纪浪漫主义诗人的创作灵感：田园诗般的河谷两侧是易北河砂岩山脉，风景如画、怪石嶙峋。在数百万年的历史长河中，松软的砂岩遭到不断侵蚀，形成了此种地貌。萨克森小瑞士国家公园包括易北河北岸最美丽的一段，其中一部分从巴特尚道以西巴斯

泰一带，一直延伸到韦伦市，另一部分则一直延伸到捷克边境。然而，崎岖的岩崖地区之所以受到保护，不仅是因其美景，还因为这片地形坚实的结构塑造了许多小型栖息地，某些需求特殊的植物可以在这里繁衍生长。

基本情况

位置： 位于易北河砂岩山脉，德国与捷克交界处

面积： 93.5 平方千米

成立时间： 1990 年

贝希特斯加登国家公园

壮丽的国王湖：能从舍瑙小镇徒步前往圣巴尔多禄茂教堂，这是几乎十年才一遇的机会。上一次是 2006 年，国王湖被冰封了整整 29 天。

贝希特斯加登国家公园成立于 1978 年，是德国第一个，也是唯一的高山国家公园，其设立的初衷是为大自然留下一片世外桃源。公园的中心是国王湖，周围环绕着哈根山、瓦茨曼山、霍赫卡尔特山和赖特山。虽然公园内的徒步线路足有 230 千米长，但除了国王湖的旅游热门打卡地，整片地区都颇为遗世独立。因此，人们可以在这里观赏威严的山雕以及马鹿、羚羊、山羊和旱獭，不受干扰。公园里还生活着许多昆虫、爬行动物和两栖动物，还能在这里发现杓兰、雪绒花和小耳状报春花等珍稀植物。此外，公园内也有许多美丽的地质景观，如丰特湖、温巴赫谷或蓝冰冰川。

基本情况

位置： 位于德国巴伐利亚州最东南部地区，在贝希特斯加登的拉姆绍小镇和国王湖畔的舍瑙小镇

面积： 210 平方千米

成立时间： 1978 年

贝希特斯加登国家公园的两处亮点是国王湖和毗邻的瓦茨曼山。瓦茨曼山盛名在外的东侧峭壁，高出湖面近1800米，是东阿尔卑斯山最高的峭壁。

瓦茨曼山

　　瓦茨曼山是阿尔卑斯山贝希特斯加登段毋庸置疑的佼佼者。它海拔高达2713米，外形引人注目，巍然耸立在贝希特斯加登的土地上。穿越高角峰、中尖峰和南尖峰这三座主要山峰，是巴伐利亚阿尔卑斯山区最具挑战性的山地徒步路线之一：人们必须要翻越总计2100米的海拔高度，许多地方还需要较高的登山技巧。海拔1800米的东侧峭壁是东阿尔卑斯山最高的连续岩壁，是许多登山爱好者的梦想，同时也是他们的噩梦。这片山峦还拥有丰富的动植物资源，野生仙客来等罕见的高山植物在巴伐利亚阿尔卑斯山的其他地方已经绝迹，却在这里茂盛地生长。

　　就登山技术而言，盛名在外的东侧峭壁并不复杂，但其长度和定向艰难等特点，会让登山之旅变成一场煎熬。

阿彭策尔地区的阿尔卑斯山脉

2502 米的海拔高度在阿尔卑斯的群山中并不出众，在别的地方也能看到此处登山铁路的山谷车站。尽管如此，森蒂斯峰作为阿彭策尔地区的阿尔卑斯山脉中最高、最具特点的山峰，仍然具有其他山峰难以望其项背的优势：天气晴朗、能见度高的时候，站在山巅可以同时远眺六国风光：瑞士、德国、奥地利、列支敦士登、法国和意大利。相反，在黑森林甚至也能望见森蒂斯峰，"望见森蒂斯"（Säntisblick）在当地已经成为一个专有名词。森蒂斯峰之所以闻名遐迩，是因为它地处阿尔卑斯山北侧，堪称阿尔卑斯山令人尊敬的"守卫者"。但这一地理位置也造就了极端气候，这里年降水量超过 2800 毫米，是瑞士最潮湿的地方，每年约有 400 道闪电击中山顶。1832 年，最早测量森蒂斯峰的两名测量员也被闪电击中过。就连理查德·瓦格纳在 19 世纪 50 年代登上这座山峰时，也被这股自然的力量所震撼。

小图中的费伦湖位于海拔 2435 米的阿尔特曼山脚下。同许多高山湖泊一样，你在地面看不到它的出湖河道。

基本情况

位置：位于瑞士圣加仑州、内阿彭策尔半州和外阿彭策尔半州，西阿尔卑斯山脉的东北缘，博登湖南岸

面积：1800 平方千米

阿彭策尔地区的阿尔卑斯山脉位于西阿尔卑斯山东北端，像克罗伊茨山这样嶙峋壮观的山峰在这里也颇具地质上的典型性。这也是众多极限登山爱好者慕名而来的原因。

伯尔尼高地
联合国教科文组织世界遗产

　　阿莱奇冰川有欧洲最长的冰舌，长达 23 千米，它是伯尔尼高地世界遗产的一部分。但随着气候变暖，阿莱奇冰川正在以每年 50 米左右的速度萎缩。尽管如此，阿莱奇冰川的各项数据足以证明它的巨大：这个庞然大物的面积为 82 平方千米，重达 270 亿吨，在冰川的起点康科迪亚普拉茨，冰层厚达 900 米，每年流速为 200 米。在冰川周围的冰碛面上，栖息着多种多样的动植物。在阿莱奇地区，冰川脚下的阿莱奇森林里隐藏着瑞士最古老的树木。此外，这片地区还生活着马鹿、羚羊和金雕。在坐落于贝特默阿尔卑的贝特默尔峰、埃基斯峰和许多徒步小路上，都可以欣赏到冰川巨人的壮丽景色。

基本情况

位置： 位于瑞士西南部地区，伯尔尼州、瓦莱州和沃州
面积： 3613 平方千米
2001 年被列入联合国教科文组织《世界遗产名录》

阿莱奇冰川的冰舌犹如一条白色的高速公路，穿行于山间。历经数千年岁月，才形成这片宏伟壮丽的景色。

左图中，霍夫鲁观景台附近的高山湖，映出了白雪皑皑的富斯群峰，风景如画。大富斯峰的海拔超过 3000 米。

高地陶恩国家公园

右图中，大格洛克纳山周围的山地风光提供了众多优质的登山路线。站在弗朗茨·约瑟夫国王高地上，冰川世界的壮丽景色尽收眼底（下图）。

西边的维尔德格洛斯山谷和东边的隆高－穆尔温克尔之间，是东阿尔卑斯山最后的一片大型自然景观，面积超过1800平方千米。这片地区因其独特的动植物资源，于20世纪80年代初被宣布为高地陶恩国家公园。公园"核心地带"坐落着奥地利最高的群山，30多座海拔超过3000米的山峰直插云霄，高低错落，目力所及皆是这些被冰川覆盖的庞然大物。在陡峭的岩壁之间，清澈见底的冰川溪流潺潺地流向山谷。"外围地带"则是由人类塑造的鲜花盛开的高山牧场、郁郁葱葱的高山草甸和幽暗的防护林，它们共同构成了一首自然乐曲。最主要的几个山谷中的村庄组成了"文化区"。长期以来，这些村庄的居民一直依靠适度的旅游业为生。教育和科研也在高地陶恩国家公园中发挥着重要作用。

基本情况

位置：位于奥地利萨尔茨堡州、蒂罗尔州的东蒂罗尔地区和克恩滕州

面积：1856平方千米

成立时间：克恩滕州于1981年宣布其为国家公园（萨尔茨堡州于1983年，蒂罗尔州于1991年）

阿尔卑斯旱獭是大格洛克纳山附近高山世界的"居民"（左图）。

达赫施泰因山

海拔 2995 米的达赫施泰因山是北卡尔克阿尔卑斯山脉（亦称"北莱姆斯通阿尔卑斯山脉"，音译自英语"Northern Limeston Alps"——译者注）巍峨的高山之一。它南面的巨大峭壁耸立于绿油油的拉姆绍小镇，高耸入云，是阿尔卑斯山脉不可多得的美景，直到 1909 年才有人首次登顶。山北坡的冰川作用十分

明显，冰上出现了第一批登山者，其中包括一位贵族：卡尔大公。他因在 1809 年的阿斯佩恩战役中击败拿破仑而名垂青史。然而在达赫施泰因山的登顶中，他却失败了。直到大约 20 年后，一位当地登山者彼得·加普迈尔才更进一步，经由西侧山脊抵达海拔近 3000 米的顶峰。广泛分布的喀斯特地貌是达赫施泰因山的特点，在其附近的托特斯山脉的多石荒地，这种地貌表现得更为显著。

基本情况

位置： 位于奥地利上奥地利州和施蒂利亚州交界地区

面积： 869 平方千米

梦幻般的主题：格绍湖前湖倒映着
达赫施泰因山的山峰，这是萨尔茨卡默
古特地区最美丽的自然景观之一（下图）。

塔特拉国家公园

在高塔特拉山，浓雾遮蔽了高山的峭壁。到了白天，这些峭壁会在阳光照耀下显现出来。湖泊和瀑布则构成了丰富多彩的景观。

这里生长着 27 种兰花，包括极为罕见的黄色杓兰；还有数十种世界上绝无仅有的动物和植物，如喀尔巴阡山飞燕草、塔特拉岩荠；隐藏着 650 个洞穴，还有高达 70 米的瀑布，以及一个被称作

"海之眼"的神秘湖泊，据说它在地下与海洋相连。所有这些珍宝，都被位于波兰和斯洛伐克交界处的高塔特拉山守护着。其中，海拔 2499 米的雷塞峰高耸入云，是波兰的最高峰。这座山峰的德语名称是"Meeraugspitze"（梅尔奥格峰），源自位于西北部的卡尔湖。这是一个充满奇观和传说的世界，沉睡的石头巨人守护着这里，它们随时都可能苏醒过来，护卫这里的田园风光，还包括此处的"居民"：羚羊、旱獭、棕熊、猞猁、狼和水獭。

 基本情况

位置: 位于波兰东南部地区，毗邻扎科帕内市
面积: 210 平方千米
成立时间: 1954 年

塔特拉山区的日出：陡峭的山坡静候着登山者，而位于吉翁特更为平缓的山脊，则适宜徒步游览。

克勒什－穆列什国家公园

克勒什－穆列什国家公园成立于1997年，其所处区域旁有三条河流：北面是克勒什河，南面是穆列什河，西面是泰斯河。因此，这里形成了许多湿地和沼泽地，为各种鸟类提供了绝佳栖息地，其中包括许多在欧洲已经十分罕见的鸟类。此地的重点保护动物是大鸨，早在1975年就建立了大鸨保护区。当

然，在许多观测站还可以看到很多其他鸟类，包括红翅燕鸻、金斑鸻、苍鹭、水鸟和涉禽。郁郁葱葱的流域草地也是珍稀植物的繁殖地。例如，特兰西瓦尼亚火眼和黄花石蒜，这些在欧洲受到严格保护的稀有植物，在这里都能找到。

蓝胸佛法僧鸟的羽毛呈明亮的绿松石色，经常会被误认为是一只小翠鸟（上图）。

基本情况

位置： 位于匈牙利东南部的贝凯什州，匈牙利与罗马尼亚交界处
面积： 501.34平方千米
成立时间： 1997年

克勒什－穆列什国家公园中的斑斓
色彩：淡蓝色的胸羽，浅紫色的尾羽，
加上五颜六色的头部和炯炯有神的红眼
睛，这就是美丽的蜂虎。

辛特拉 – 卡斯凯什自然公园
联合国教科文组织世界遗产

辛特拉 – 卡斯凯什自然公园的自然景观可谓多姿多彩：陡峭的悬崖直直地插入大海，湖泊冷清孤寂，沙丘几乎无人涉足，间或能看到坍圮的房屋和凋零的村庄，以及拥有数百年历史的建筑。此外，还有辛特拉周围的景点，壮丽的自然风光和大西洋的滚滚波涛。从辛特拉山丘到卡斯凯什海滩，绵延 145.83 平方千米，这片地区早已成为世界文化遗产。此处离里斯本并不远，人们在这里已经发现了 200 多种脊椎动物、9 种淡水鱼、170 多种鸟类、20 种爬行动物和 34 种哺乳动物。总之，自然公园内的徒步旅行和观光资源极为丰富，短短一次假期游览是远远不够的。

基本情况

位置： 位于葡萄牙里斯本行政区，里斯本市、辛特拉镇、卡斯凯什镇
面积： 145.83 平方千米
成立时间： 1994 年
1995 年被列入联合国教科文组织《世界遗产名录》

前往乌尔萨海滩并非易事，可一旦成功，就能领略到一片壮丽的自然风光。该海滩被认为是这一地区最美的海滩之一。

乌尔萨海滩

辛特拉周围的海滩就像海岸本身一样千姿百态。沙滩平缓地向大海延伸开来，与鹅卵石海湾相映成趣，或掩映在岩石之间，抑或直面时而汹涌的大西洋。乌尔萨海滩的岩针全天总是散发着一种特殊的魔力。清晨，太阳刚刚照到岩针的顶峰；白天，从高处俯瞰海湾上的人行道，碧绿的海水映入眼帘；但到了傍晚时分，夕阳西下，天空又会绽放出新的色彩。由于新月形沙滩的海湾只能步行抵达，因此游客有时会在这里遇到向导带领的徒步旅游团队。

阿尔加维海滩

阿尔加维是葡萄牙历史上曾位于最南端的省，如今已与法鲁区同域。阿尔加维的独特魅力在于其地形的多样性：西部是崎岖的砂岩悬崖，通向隐蔽的海湾；中部是围绕着悬崖峭壁的宽阔沙滩，这也是阿尔加维的特色；向东，在一片岛屿、海峡和沙洲中，陆地和海洋似乎已融为一体。塔维拉、拉古什等迷人小镇，仍然保留着风景如画的古城和轻松惬意的氛围。

基本情况

位置： 从大西洋的西南端到瓜地亚纳河，由三段组成：维森蒂娜海岸、巴拉文托和索塔文托

面积： 4989 平方千米

阿尔加维有 100 多个海滩，每一个都各具特色，其中包括多娜安娜海滩（上图）。"慈悲角"是这一砂岩色礁石景观的名称（下图）。

马德拉岛

对于首批定居者而言，马德拉（葡萄牙语"Madeira"，意为"木头"）的森林资源丰富，有利可图。渐渐地，陡峭的山坡也被开垦出来，种上一片片梯田。作为贸易货物的转运站和通往新世界的中转站，马德拉很快便繁荣起来，从富丽堂皇的教堂——尤其是丰沙尔大教堂——和地主庄园（葡萄牙语

"Quinta"）便可见一斑。如今，这些庄园大多已成为豪华酒店，招待喜欢徒步旅行的度假者。马德拉路网发达，被视为徒步旅行者的天堂。同时，水上运动爱好者在这里也能如鱼得水，因为此处的海域非常适合帆船航行和冲浪，且水温又常年温暖宜人，浮潜和潜水爱好者可以尽情探索丰富多彩的水下世界。

基本情况

位置： 大西洋的岛屿，位于葡萄牙里斯本西南方向约 950 千米
面积： 740.7 平方千米

虽然"长春之岛"马德拉岛属于葡萄牙，但实际上它更靠近非洲：里斯本离它约 950 千米，而非洲海岸离它才 740 千米。

马德拉的山地

如果从南海岸望去，人们绝不会料到，这座绿色的岛屿也有陡峭嶙峋的一面。植被茂密的丘陵自海岸上升到 700 ~ 1000 米的高度后，一幅迷人的岩石景观画卷铺展开来，画中是海拔 1862 米的卢伊沃峰、海拔 1851 米的托里斯峰以及海拔 1818 米的阿里耶罗峰。

特别是在没有植被保护而裸露的地方，岛上地貌和岩石类型的火山特点清晰可见。陡峭的小路和石阶路在高山中穿梭，部分路段为安全起见还设有钢索栏杆。有时，小路还会消失于隧道中。作为一个徒步旅行胜地，马德拉山脉不容小觑。登山时需要迈稳每一步，还需要克服恐高症。

圣洛伦索角

鲜花之岛、长春之岛、温柔之岛、和善之岛——马德拉岛足以配得上这些美誉。但在岛上的某个地方，它突破了自己的四平八稳，将自己狂暴的一面几乎显露无遗：在最东北部的圣洛伦索角，马德拉岛突然任性起来，释放出自己的激情，抖落了满身的青枝绿叶和千姿多

彩，裸露、开裂的山崖犹如马刺肆意地深深插入大西洋。在这里，人们必须克服恐高症，同时又要步履稳健，否则会有生命危险。但遥望杳无人烟的海湾、巨大的礁石、咆哮的大西洋以及绝称不上温柔和善的海岸，眼前的壮丽之景会让人觉得不虚此行。与此地此情此景相呼应的，是海岸上布满黑色沙子的普赖尼亚海滩。

论海拔高度，阿里耶罗峰在马德拉只能屈尊第三，但由于其基础设施完备，这里也成为游客数量最多的地方。

加利西亚大西洋群岛国家公园

　　位于西班牙蓬特韦德拉省的自然保护区，包含 12 平方千米的陆地面积，以及 72 平方千米的海域面积。柯尔特加达岛、昂斯岛、萨尔维拉岛、锡耶斯岛以及众多小岛都是加利西亚大西洋群岛国家公园的一部分。群岛面朝大西洋西侧的礁石密布，面朝大陆东侧则是令人印象深刻的沙丘地貌和海滩。这里有 200 余种水藻和 400 余种植物，以及多种海豚。柯尔特加达岛坐拥欧洲最大的月桂树林，西班牙最大的地中海鸥群和欧鸬鹚群就生活在这里。在锡耶斯岛屿群中的一座岛上，还能见到罗马时代之前的村落遗址，中世纪时期隐士居住的三径和修士会的小教堂也被保留了下来。

基本情况

位置： 独特的加利西亚国家公园，包括位于大西洋东北侧海岸的岛屿
面积： 84 平方千米
成立时间： 2002 年

由锡耶斯岛屿群组成的群岛包含三个岛（大图）。左侧三幅小图：王子灯塔、坎帕山以及有灯塔的锡耶斯岛。

锡耶斯岛屿群北边的阿古多山岛上空云雾缭绕。这是在灯塔岛上经常能欣赏到的景象。

巴德纳斯雷亚尔斯
联合国教科文组织生物圈保护区

15 世纪，在西班牙这片土地上有许多国王。既有像卡斯蒂利亚君主这样合法的，也有像暴虐的桑奇科罗塔这样自立为王的——他后来摇身一变，成了巴德纳斯雷亚尔斯的国王。他带着一伙强盗，盘踞在纳瓦拉南部这片不适宜生存的地区，在附近的修道院、村庄和城镇为非作歹。1452 年，一位真正的国王——阿拉贡国王胡安二世终于忍无可忍。他将这伙强盗逼到绝境，但未能生擒桑奇科罗塔，因为这个恶人举刀自尽了。如今，巴德纳斯雷亚尔斯已成为西班牙最壮丽的景色之一：地形变化无穷，时而如月球般布满沟壑和火山口，时而如最华丽的赭色荒原，或是大草原或稀树草原。2016 年，电视剧《权力的游戏》便在此取景拍摄。

基本情况

位置： 位于西班牙纳瓦拉省南部
面积： 393 平方千米
2000 年被认定为联合国教科文组织生物圈保护区

西尔左风带来的侵蚀作用，塑造了
这里独特的崎岖地貌、峡谷和高原。

这片看似虚幻的沙漠景致是由侵蚀
作用造成的。这里温度极高，只有生命
力顽强的生物才能生存下来。

奥尔德萨和佩尔迪多山国家公园
联合国教科文组织世界遗产

法国登山家、地理学家弗朗茨·施拉德将阿尼斯克洛峡谷称赞为"一首无穷的地质诗"。这条典型的石灰岩峡谷位于佩尔迪多山以南的韦斯卡比利牛斯山脉，长约 10 千米，是奥尔德萨和佩尔迪多山国家公园的一部分。地表裂缝形成了各种奇异的岩石，瀑布和溪流就在石灰岩中穿行。在某些地方，阿尼斯克洛峡谷变得极为狭窄，就像一个狭缝峡谷。只有微弱的光线穿透极高且陡峭的侧壁缝隙，因此动物们已经适应了峡谷深处阴暗的特殊环境。这片原始且自然的土地很受徒步爱好者欢迎，但穿越这里并非没有危险，需要做好充分的计划。

基本情况

位置: 位于西班牙北部腹地韦斯卡省（阿拉贡自治区）
面积: 156 平方千米
成立时间: 1918 年
1997 年被列入联合国教科文组织《世界遗产名录》

从高空俯瞰，奥尔德萨和佩尔迪多山国家公园内的阿尼斯克洛峡谷就像地壳上的一条巨大裂缝。

在阳光普照的地方，峡谷表面一片绿色；但在阴影里，只有少数植物茁壮成长。

泰德国家公园
联合国教科文组织世界遗产

野蓝蓟（下图）是一种只生长在特内里费岛的植物，可以长到 3 米高。

特内里费岛上的奇观异景是数百万年来无数次火山喷发形成的。这片地区火山的平均海拔约为 2000 米，有些地方还会令人不禁联想到贫瘠的月球表面。但这里的植物资源却十分丰富，其中最著名的代表就是一种两年生的高度可达 3 米的草本植物——野蓝蓟。最热门的景点之一是洛斯罗克斯岩群，岩针高约 30 米。有一条徒步路线可以看到这些岩针和颜色多样的熔岩地貌——黑色、棕色、蓝绿色都有。这里曾多次成为电影的取景地。整个公园就是一个地质宝藏，火山现象让此处的颜色和地貌多样且令人印象深刻。

基本情况

位置： 位于西班牙特内里费岛中部

面积： 190 平方千米

成立时间： 1954 年

2007 年被列入联合国教科文组织《世界遗产名录》

最下方小图：海岸外边的阿纳加岩石；中、上小图：浓密的仙人掌覆盖了部分高地；大图：绿海龟。

阿纳加山
联合国教科文组织生物圈保护区

从高处俯瞰，特内里费岛东北部山麓的保护区就像一个细长的把手，长约20千米、宽约10千米，直直插入大海。数百万年前的火山活动形成了这条山脉，山脊上最高的两座山峰分别是西面海拔1024米的塔波尔诺十字峰和东面海拔909米的奇诺布雷峰。由于山体突出、海拔较高、阴雨连绵，阿纳加山上空常常笼罩着经久不散的浓雾，空气十分潮湿。月桂树林为许多附生植物提供了生存空间，在高地和阳光下会形成一片童话般的景观。苔藓和蕨类植物铺满了小径和岩石。这里的一大特色就是有许多古老的洞穴，如奇纳曼达洞穴。

基本情况

位置： 位于西班牙特内里费岛东北部
面积： 487 平方千米
成立时间： 1987 年
2015 年被认定为联合国教科文组织生物圈保护区

塞斯托多洛米蒂山
联合国教科文组织世界遗产

塞斯托多洛米蒂山位于多洛米蒂山脉最东北部，地处意大利南蒂罗尔省东部和贝卢诺省北部，北临普斯特河谷，东接塞斯托山谷，南临安西耶山谷，西接霍伦施泰因山谷。三峰自然公园所属山脉位于南蒂罗尔省，2009 年 6 月 26 日，该公园成为联合国教科文组织世界遗产多洛米蒂山脉的一部分。塞斯托多

洛米蒂山主要由白云岩组成，这些白云岩源自原始海洋中的珊瑚礁。起伏平缓的高山牧场与拔地而起的礁石山峰形成鲜明对比，有些山峰的海拔甚至高达3000 多米，周围大多伴有巨大的碎石坡。该自然公园内栖息着数量惊人的松鸡，包括雷鸟、石鸡、黑琴鸡和林鸡。

基本情况

位置: 位于意大利南蒂罗尔省和贝卢诺省交界处，多洛米蒂山脉最东北缘

2009 年被列入联合国教科文组织《世界遗产名录》

从迪伦湖眺望水晶山。人们怀疑，这座山的岩层是在温暖的原始海洋中，以一块慢慢下沉的珊瑚礁为基础，历经数百万年堆积而成的。

吉奥山口的日落。人们认为这是多洛米蒂山脉最美丽、最受欢迎的山口之一——不仅环意大利自行车赛途经此地，多洛米蒂马拉松比赛也要路过这里，每天都有无数自行车手和摩托车手骑行经过。

阿达梅洛 – 布伦塔自然公园

伦德纳山谷左右两侧的自然区域完全不同，这正是这座自然公园的由来：山谷西边，阿达梅洛和普雷萨内拉山峰群拔地而起，由年代较近的一种侵入岩，即英云闪长岩堆积而成。这些山峰的海拔高达 3500 多米，其上覆盖着大量冰川。这里简直就是意大利的北极！山谷东边则耸立着险峻的布伦塔山峰群。它

们由一种沉积岩，即白云岩组成，因此也被称为布伦塔多洛米蒂山。博凯特的山路是一条沿着裸露岩石带穿越布伦塔山区的攀登路线，走完这段路需要一段时间，可抵达最高峰：海拔 3157 米的布伦塔山。像海拔 2883 米的布伦塔古里亚峰也只能沿着艰难的攀登路线才能到达。在这一地区看到棕熊的概率很高：1999 年以来，来自斯洛文尼亚和克罗地亚的 10 只小棕熊被归还给公园，如今已繁殖到 40 多只。

阿达梅洛地区水资源丰富。湖泊、瀑布和溪流给人的印象各不相同。

基本情况

位置： 位于意大利特伦托省，阳光山谷和农谷之间到朱迪卡里安的山谷美景
面积： 620 平方千米
成立时间： 1967 年（1987 年扩建）

天空倒映在众多高山湖泊中。到了秋天，橘黄色的落叶松与深色的岩石相映成趣，山楸树和无数鲜花点缀出美丽的色彩。

锡比利尼山脉国家公园

罂粟花绽放出最美的一抹色彩。在古代神话中，它是丰收女神德墨忒尔的花朵，是最美丽的一抹颜色——但由于其凋零迅速，因此也是短暂的象征。

有时，大自然也会铺上红地毯，让每一位徒步旅行的人都感觉自己仿佛是一位国宾。在翁布里业的锡比利尼山脉，大自然似乎在同时迎候十几位国家元首，罂粟花绚烂地绽放着，将草地装点成花海。这是一幅多么可爱而精致的画面啊，就像孩子绘就的一幅画作。然而，锡比利尼山脉远没有看上去那么友善。传说

这里住着恶魔，它们还在这里施展黑魔法，仿佛在嘲弄鲜红的颜色。但最危险的还是女先知西比勒，她住在深山之中，沉溺于人世间所有的罪恶。不过，有时她也会离开洞穴，用歌声引诱迷路的行者——抑或引诱他们去山顶，因为林线之外藏着最美的风景。

基本情况

位置： 位于意大利中部，翁布里亚大区和马尔凯大区。游览的热门地区是蒙特福尔蒂诺

面积： 697.2 平方千米

成立时间： 1993 年

杜米托尔国家公园
联合国教科文组织世界遗产

　　想了解巴尔干半岛历史上为何发生了那么多艰苦卓绝、无休无止的战争，在黑山北部的杜米托尔山区就能找到答案：巴尔干半岛有许多供军队撤退的地形，可以坚守数年、持续战斗。杜米托尔山也是如此，山峰、峡谷和高地组成了一片错综复杂的荒野之地，一直是战士们坚不可摧的避难所。这里风景壮丽，简直像蚁群一样能把人淹没其中——如果人们在这片气势磅礴之中都没能体会到对大自然的谦顺，那么在别的地方更不可能！塔拉峡谷全长80千米，海拔1300米，是世界第二深峡谷，仅次于美国科罗拉多大峡谷。此处有48座山峰的海拔超过2000米，其中最高的山峰是博博托夫库克山。

基本情况

位置： 位于黑山北部，怀抱于杜米托尔山之中

面积： 390平方千米

成立时间： 1952年

1980年被列入联合国教科文组织《世界遗产名录》

杜米托尔国家公园就像大自然中一颗未经打磨的钻石，在这里，随处可见多石的山峦、碎石和水流。

国家公园里还生活着野狼和棕熊——对于羊和马等牲畜而言，它们无疑是巨大的威胁。

布切吉国家公园

位于喀尔巴阡山脉南部的布切吉国家公园中的这处岩石地貌就像是被风雨侵蚀的吉萨斯芬克斯狮身人面像。事实上，这块岩石也被称为"斯芬克斯"，但与其"埃及兄弟"不同，它是自然形成的，上方有一个深洞，可以视作眼睛。这块巨石与蘑菇状的巴贝莱石一样，也

是罗马尼亚这座国家公园的特色之一。游客们喜欢来这里徒步、滑雪，也喜欢住在周围的山中小屋里。此地开发完善的自然保护区拥有 34 个洞穴和瀑布，老少咸宜。最受欢迎的是亚洛米泰伊洞穴和拉泰洞穴，此外还有各种奇形怪状的岩石地貌。

基本情况

位置： 位于罗马尼亚中心地区，布切吉山脉，南喀尔巴阡山麓
面积： 326.63 平方千米
成立时间： 1974 年

关于特兰西瓦尼亚有无数个传说和
恐怖故事。但大自然往往会讲述截然不
同的故事：奇形怪状的岩石和平缓的山
谷——这里就是布切吉国家公园。

这个公园不像其"埃及兄弟"那般
精细，但却是由大自然的鬼斧神工雕琢
而成：布切吉的斯芬克斯（左图）。

里拉国家公园

一直以来，当人们想离自己信奉的神灵更近时，总会登上高高的山峦。因此，保加利亚最重要的修道院坐落在该国最高峰的山腰上绝非偶然：位于保加利亚西南部的里拉山海拔近 3000 米，直插云霄，里拉修道院也因此而得名。它被视作保加利亚的国家圣殿，并被列入联合国教科文组织《世界遗产名录》。它位于海拔 1147 米处，在德鲁斯拉维扎河与里拉河之间。从保加利亚首都索非亚到里拉国家公园约有 120 千米，该公园已被认定为欧洲荒原保护区。

基本情况

位置： 位于保加利亚西南部的索非亚州，里拉山脉
面积： 810.46 平方千米
成立时间： 1992 年

在巴尔干半岛，保加利亚西南部的里拉山脉最高，其最高峰是雄伟的穆萨拉峰。这尊石头巨人直插云霄，海拔2925米。

这里分布着120余个漏斗湖。雪一融化，漏斗湖的数量会更多。随后，番红花也开始绽放（上图）。稍晚一些，三叶草和欧石南开始生长（左图）。

皮林国家公园
联合国教科文组织世界遗产

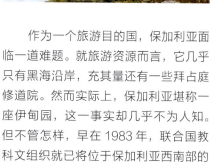

作为一个旅游目的国，保加利亚面临一道难题。就旅游资源而言，它几乎只有黑海沿岸，充其量还有一些拜占庭修道院。然而实际上，保加利亚堪称一座伊甸园，这一事实却几乎不为人知。但不管怎样，早在1983年，联合国教科文组织就已将位于保加利亚西南部的皮林国家公园列为世界遗产——正如评

选理由所称，因为它拥有"非凡之美"，还因为在这里的高山地区分布着70座冰川湖泊和数不清的瀑布，点缀着颇具特色的山峰和高山牧场，让人几乎忘却了黑海那些类似的海滩。对于任何一个喜欢山的人而言，这都是一个绝佳的世外桃源，可以独家收藏。人们真的能在这里找到欧洲最美丽的荒野。

基本情况

位置： 位于保加利亚西南部的布拉戈耶夫格勒州，皮林山脉
面积： 403.32平方千米
成立时间： 1963年
1983年被列入联合国教科文组织《世界遗产名录》

保加利亚西南部的皮林国家公园以
斯拉夫神话中至高无上的佩伦神命名。
这里的大自然确实以其壮观之美呈现出
了真正的神性。

森林中生长着古老的黑松，羚羊在
林间漫步，苍鹰和山雕在空中盘旋：皮
林国家公园的环境犹如仙境。

赛斯国家公园

通过托尔山口，徒步爱好者可以从瓦尔博纳山谷国家公园到达赛斯国家公园，同名的赛斯村就坐落于公园中。在迷人的群山中，有一片远离世俗、梦幻且原始的风景：冬天，通往赛斯国家公园的道路有时长达数月无法通行。而夏季的徒步旅游则为经济拮据的当地居民

带来一线希望。许多人将自己的房屋改建成配有卫生设施的小旅舍，当地人还将登山线路标注出来，登山向导则负责为游客展示这片山区独特的美景。

基本情况

位置: 位于阿尔巴尼亚的斯库台州，靠近科普利克市
面积: 26.3 平方千米
成立时间: 1966 年

壮观美景：天空色彩变幻，映衬着陡峭耸立的岩壁和阿尔巴尼亚的最高峰。

迈泰奥拉
联合国教科文组织世界遗产

卡兰巴卡镇以北就是迈泰奥拉山谷。一派激动人心的风景正静候游客，山谷中耸立着许多独立的锥状岩石，日月穿梭，人们在这些岩石上建造了 24 座修道院，令人叹为观止。其中只有少数几座至今仍有人居住。大流星修道院是地理位置最高的修道院，由亚历山大港的主教，虔诚的阿萨纳西斯于 1360 年左右建造。在另一块高高的岩石上，还耸立着尼古拉斯 – 阿纳帕萨斯修道院的围墙，该修道院建于 1388 年左右。1517 年，瓦拉姆修道院建成，以 14 世纪的一位隐士的名字命名，他在同一地点建造了一座教堂。1961—1963 年，瓦拉姆修道院被改建为博物馆，收藏了许多修道院珍宝。还有一座罗莎娜修道院，近年来又有许多修女住了进去。

基本情况

位置：位于希腊品都斯山脉东部，色萨利大区

面积：272 平方千米

1988 年被列入联合国教科文组织《世界遗产名录》

这些岩石上的修道院的设计看上去十分大胆。迈泰奥拉（Metéora）这个词意为"飘浮在空中"，它完美地描述了修道院的地理位置。

迈泰奥拉的砂岩峰林高达数百米，几乎无路可走。

萨马利亚峡谷国家公园
联合国教科文组织生物圈保护区 │ 联合国教科文组织世界遗产

清澈、冰凉的溪水流经萨马利亚峡谷，喜迎八方客，令徒步爱好者心旷神怡。右侧三图依次为：黄蜂兰、山黧豆的花、锯蝇兰。

自 1962 年以来，欧洲最长的峡谷及其令人印象深刻的高耸悬崖就成了自然保护区。1981 年，周边地区被认定为联合国教科文组织生物圈保护区，旨在保护克里特野山羊。保护工作已初见成效，目前约有 2000 只野山羊重新定居在该地区，它们是出色的登山运动员，穿越峡谷对它们而言是小菜一碟。但徒

步爱好者必须做好准备，需要从北部入口穿过"铁门"、白山，抵达海边的阿古亚 – 努美利村，全程 16 千米。途中能看到许多古树和罕见的野花。当然，您还会遇到"克里 – 克里"（Kri-Kri）：野山羊就叫这个名字。

克里特野山羊肉质鲜嫩，这也让它成为人们趋之若鹜的猎物。尽管它们受到保护，但依然会不幸落入偷猎者手中。

基本情况

位置： 位于克里特岛西南海岸
长度： 16 千米
成立时间： 1962 年
1981 年被认定为联合国教科文组织生物圈保护区
1994 年被列入联合国教科文组织《世界遗产名录》

西涅维尔国家公园

　　西涅维尔高山湖是乌克兰喀尔巴阡山脉最大的湖泊，根据联合国《湿地公约》，它是一片特别具有保护价值的湿地。三条山溪持续流入湖中，湖面面积从 4.5 公顷到 7.5 公顷不等，形成了养料丰富的沼泽，为多种动植物（部分还是受保护物种），如欧洲小龙虾提供了

栖息地。湖泊周边地区景色非常秀美，流传着许多关于这里的传说。这里也是乌克兰七大自然奇观之一，1989 年被命名为西涅维尔国家公园。西涅维尔湖位于海拔 989 米的原始森林中，有十几条天然小径和徒步路线穿越其中，生态和谐。2011 年成立的黑熊保护中心也值得一看。

基本情况

位置: 位于乌克兰西南部的外喀尔巴阡州，利沃夫以南 250 千米。从国家公园中的西涅维尔村游客中心出发，是一个不错的选择

面积: 40.4 平方千米

成立时间: 1989 年

一日游游客和其他观光客很喜欢到这座国家公园游玩。保护区中央有一些小旅店，还有西涅维尔山口等徒步路径，供游客在人迹罕至的山地世界中穿行。

红狐和鹿生活在国家公园的森林中，这里也是金雕等珍稀动物的栖息地。

喀尔巴阡山
联合国教科文组织生物圈保护区｜联合国教科文组织世界遗产

欢迎来到荒野世界：喀尔巴阡山生物圈保护区是乌克兰著名的自然保护区之一，也是联合国教科文组织世界自然遗产"喀尔巴阡山原始山毛榉森林和德国古山毛榉林"的一部分。喀尔巴阡山中有欧洲年代最久、面积最大的红山毛榉林和原始山毛榉林，林中有高达50米的山毛榉树和生长在海拔超过1500米高处的高山山毛榉林。在几乎完全无人打扰的森林地区，登记在册的动物种类就有2416种，其中包括许多稀有物种，如猫头鹰、欧洲野牛、麋鹿、熊、猞猁、狼、蝙蝠，还有在欧洲大部分地区已灭绝的欧洲水貂。此地还有乌克兰最高的山，即海拔2061米的戈维尔拉山。最低点是丘斯特附近的水仙谷——它是吸引众多游客的观光胜地，尤其是在春季开花之时。

基本情况

位置： 位于乌克兰西南部的外喀尔巴阡州，靠近罗马尼亚边境。小城拉希夫就位于自然保护区内

面积： 536.3 平方千米

1992 年被认定为联合国教科文组织生物圈保护区

2007 年被列入联合国教科文组织《世界遗产名录》

欧洲最后一片大规模原始山毛榉林就位于喀尔巴阡山脉——自冰河期结束以来，这片生态系统一直在不断发展，没有受到干扰。

乔木林与草地、石地、山崖和河流交相辉映，在令人印象深刻的喀尔巴阡山生物圈保护区，配有路标的多条徒步路线贯穿其间。

俄罗斯北极国家公园

俄罗斯北极国家公园成立于 2009 年 6 月 15 日。它包含新地岛双岛的北部，该岛就像地球伸入北冰洋的一根手指，将巴伦支海和喀拉海一西一东分隔开来。在这里，不仅要保护部分仍处于原始状态的自然环境，更重要的是清除军事活动造成的放射性残留。2010 年，法兰士约瑟夫地群岛（自然保护区）被纳入俄罗斯北极国家公园。这片群岛位于更北部，与斯匹次卑尔根岛处于同一纬度。尽管有些地理学家认为法兰士约瑟夫地群岛是亚洲的一部分，但欧洲人在那里发现了欧洲大陆的最北端——弗利格利角。

基本情况

位置: 在巴伦支海和喀拉海之间，处于新地岛双岛靠北的谢韦尔内岛的北部地区

面积: 14260 平方千米

成立时间: 2009 年

北冰洋土生土长的陆地哺乳动物只有北极熊和少量的北极狐。但在某种意义上，北极熊又被视为海洋哺乳动物，因为它们一生主要生活在冰层上。

法兰士约瑟夫地群岛位于北冰洋，斯匹次卑尔根岛以东，俄罗斯新地岛西北方向。根据不同资料来源，这些因火山活动形成的岛屿数量为187～192个，约85%的岛屿表面长期被冰川覆盖。

拉多加湖

　　拉多加湖位于圣彼得堡以东 40 千米处。这个欧洲最大湖泊的面积几乎是博登湖的 40 倍，南北长达 220 千米，宽 80 ~ 120 千米。拉多加湖水深约 225 米，湖中分布着 500 多个大小不同的岛屿。它形成于 1.5 万年前，威赫塞尔冰期结束时，内陆冰川形成了一座冰斗冰川，它在融化的过程中被水填满了，从而形成了淡水湖。它的出湖河流是涅瓦河，穿过圣彼得堡，流入芬兰湾。许多圣彼得堡市民到了周末和节假日都喜欢来这里，他们在湖边的乡间别墅里享受闲暇时光，冬天则在冰上垂钓，有些地方的冰面厚达数米。驾驶帆船或漫步湖岸是游览该湖的最佳方式。

湖的南部有美丽的海滩，适宜游泳；北部则有岩石海岸、广袤的森林和星罗棋布的岛屿，散发着令人心旷神怡的宁静气息。

拉多加湖美景：长着松树和桦树的岩石是这里的特色景观。

基本情况

位置： 位于俄罗斯西北部地区，在圣彼得堡和今天的卡累利阿共和国南部之间，靠近芬兰边界
面积： 18135 平方千米

大特哈奇自然公园
联合国教科文组织世界遗产

阿迪格共和国位于北高加索，1991年以来一直是俄罗斯南部一个较小的自治共和国，首府为迈科普。大特哈奇（Bolshoy Thach）是一座海拔2368米的高山，"Bolshoy"在阿迪格语中意为"大"，"Thach"意为"上帝"。大特哈奇公园由此得名。最初它只是一个在当地颇为重要的公园，1999年与其他保护区一起被列为世界遗产"西高加索山"。大高加索山脉的山脊之上，沿着与克拉斯诺达尔边疆区的南部交界处，是阿迪格共和国的最高峰。这里有杳无人迹的原始景观：岩石、瀑布、洞穴、峡谷和溪谷。人迹罕至的高山草甸和茂密的冷杉林是在这里重获家园的野牛等野生动物的天地。

大图中的这两座山峰构成了所谓的
"魔鬼之门"——大高加索山脉偏僻地
区的山间孤寂时刻。

阿尔泰马鹿属于鹿科，但比欧洲鹿
大，比同属于鹿科的麋鹿小。

基本情况

位置： 位于大高加索山脉的西部地区
面积： 370 平方千米
成立时间： 1997 年
1999 年被列入联合国教科文组织
《世界遗产名录》

勃朗峰山脉

在欧洲，没有一座山像阿尔卑斯山的最高峰——勃朗峰一样，享有如此多的尊重和敬畏。1606年，它首次见诸地图，并得到了一个意味深长的名字——"诅咒山"。人们就此认为，精灵、魔鬼和其他妖怪栖身于此，于是没人敢登上去。尽管在1760年，日内瓦的自然科学家霍拉斯·贝内迪克特·德·索热尔悬赏先登者，但是直到1786年，雅克·巴尔玛和加布里埃尔·帕卡德才成功登顶。第二年，索热尔也登上了这座山峰。他在山顶说的一番话也载入了勃朗峰的史册："灵魂在翱翔，智力似乎在拓展，在这庄严的寂静中，我们相信，听到了大自然的声音。"

基本情况

位置： 位于法国、意大利和瑞士三国交界处，法国上萨瓦省、意大利瓦莱达奥斯塔和瑞士瓦莱州
面积： 645 平方千米

阿尔卑斯山脉的最高峰——勃朗峰的最佳观景点在南针峰。

眺望白雪皑皑的南针峰（海拔3842米），它犹如霞慕尼山谷南部勃朗峰山脉的山岩前哨。

马特洪峰

    关于这座山，人们还能吝惜笔墨吗？世人对马特洪峰的外形赞不绝口，它被称为"广告之峰"，因为它（几乎）无处不在。它不仅出现在瑞士酸奶罐和比利时啤酒瓶上，还被刊印在葡萄酒标签、牙买加香烟盒上，甚至滚石乐队1976年巡回演出的海报上都有其形象。

这座山不仅仅是一座金字塔形状的岩石，它是神话。马特洪峰的标志性外形源于冰河期的侵蚀，两大块不同的岩石层倾斜着彼此重叠。自19世纪欧洲登山运动兴起以来，攀登这座山峰一直被视为一项终极挑战。1865年，英国人爱德华·温珀首次成功登顶。

基本情况

位置： 位于瑞士和意大利边境，瑞士瓦莱州、意大利皮埃蒙特大区和瓦莱达奥斯塔大区

高度： 海拔4478米

马特洪峰倒映在施泰利湖上的身影，的确是令人印象深刻的自然奇观。当阳光洒满"金字塔"顶部 1/3 处时，更是美不胜收。

海拔 4478 米的马特洪峰是阿尔卑斯山的巨峰之一，也是瑞士的地标。无论从哪个角度拍摄，这座山都会呈现出一幅令人愉悦的画面。

尤利安阿尔卑斯山
联合国教科文组织生物圈保护区

尤利安阿尔卑斯山以罗马皇帝盖乌斯·尤利乌斯·恺撒的名字命名，因为就"伟大"而言，人们认为两者的程度不相上下。后来，联合国教科文组织也向其致以敬意，将斯洛文尼亚西北部到意大利东北部这片地区认定为生物圈保护区，加以特殊保护。1981年以来，就已经有一座国家公园一直守护着尤利安阿尔卑斯山的最高峰——海拔2864米的特里格拉夫峰。生物圈的理念是人与自然和谐相处，同时保护自然的特殊多样性，因此在尤利安阿尔卑斯山，人们也从事生产活动：农业、奶牛养殖业、林业、渔业、水利和奶酪生产，是居民的主要收入来源。但近年来，旅游业也变得愈发重要。

基本情况

位置： 位于卡尔克阿尔卑斯山脉南部，斯洛文尼亚的上卡尼鄂拉和内卡尼鄂拉地区，意大利的弗留利－威尼斯朱利亚大区
面积： 1957.23平方千米
2003年被认定为联合国教科文组织生物圈保护区

萨瓦河的河水清澈见底，在尤利安阿尔卑斯山的壮丽背景下闪烁着晶莹剔透的光芒。斯洛文尼亚最大的河流发源于特里格拉夫山脚下。

尤利安阿尔卑斯山陡峭的岩壁沐浴在晨光中，巍峨壮丽。

亚洲

亚洲之大，不知其几千里也。即使是亚洲部分地区的巨大体量，也已经超乎我们的想象。仅仅是欧洲人所称的"远东"——此处借鉴大英帝国的"远东"概念——就包括了从印度到日本、从中国到印度尼西亚的范围。这片天地拥有

地球上最高的山峰，是数十亿人的家园，也孕育了无数灿烂的文明。有些国家由数以千计的岛屿组成，有些国家则只有高山，还有一些国家只有一片巨大的三角洲——而这一切只不过是亚洲的一部分而已。

下图为中国天山山脉的奎屯大峡谷：奎屯大峡谷很晚——可能直到20世纪90年代末——才被人发现，这也凸显了这些泛红的陡峭山崖所处的地理位置是何等隐秘。

阿尔泰金山自然保护区
联合国教科文组织世界遗产

阿尔泰山在蒙古语中的意思是"金山"，单从名字上就能看出当地人对这片风景的热爱。据说，传说中的香巴拉王国就位于此。

阿尔泰山脉就像一座备受呵护的宝库，坐落在西伯利亚、蒙古和中国之间：这里的风景充满传奇色彩，是西伯利亚最美的地方之一。长达 2000 千米的山脉也是蒙古干旱草原和西伯利亚针叶林的分界线。海拔 4506 米的别卢哈峰像一顶皇冠耸立在阿尔泰山脉上，卡顿河在山坡上奔腾，在险峻深邃的峡谷中蜿

蜒流淌。阿尔泰山脉空气清新，河流因砂岩含量较高而呈深绿色，它不仅是大自然的宝藏，还拥有人类古老的历史遗迹，如岩刻。

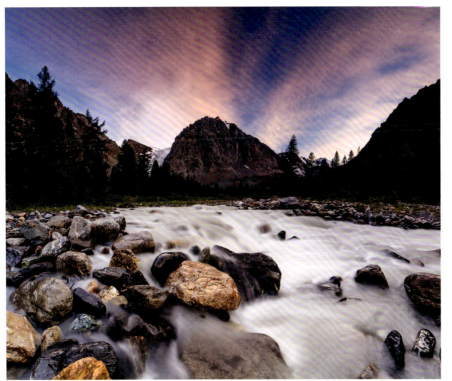

基本情况

位置: 位于俄罗斯西伯利亚联邦区阿尔泰共和国，靠近哈萨克斯坦、中国和蒙古边境

面积: 8812 平方千米

成立时间: 1932 年

1998 年被列入联合国教科文组织《世界遗产名录》

戈布斯坦泥火山保护区

　　并非所有的火山都会喷出红彤彤的火焰和炙热的岩石，有些火山还会喷出含水量很高的泥浆。地球上约有 1100 座泥火山，其中近 1/3 位于阿塞拜疆阿布歇隆半岛的里海沿岸。这 300 余座火山每隔一段时间就会喷发一次，有时会将数十万立方千米的泥浆喷射到贫瘠的土地上。对于科学家而言，这片土地堪比火星，火星表面的特点也是有许多泥火山。阿塞拜疆的一些火山还有火喷泉，这是因为存在甲烷气体而产生的。喷出的泥浆含有碘、溴、钾和镁，据说具有治疗功效，游客可以在这里泡一个泥浆澡。

基本情况

位置： 位于阿塞拜疆东北部的戈布斯坦区，靠近里海

成立时间： 2001 年

泥火山附近只有少数动物和植物，但高加索鬣蜥却在这里找到了立足之地（大图）。

自 1810 年以来，这里记录了约 200 次喷发。泥火山的出现通常预示着地下蕴藏着丰富的石油。

格雷梅国家公园
联合国教科文组织世界遗产

这些塔楼、烟囱和蘑菇状物体的设计者并非西班牙建筑师高迪，而是大自然。虽然它们看起来像这位伟大的巴塞罗那艺术家设计的有机建筑，但火山才是建筑师，它们在数百万年的历史长河中堆起凝灰岩，风和水则是石匠。只有坚硬度较高的岩层才能抵御侵蚀，形成著名的岩石地貌——仙女烟囱。从公元4世纪起，安纳托利亚的基督教团体就

在这里受到庇护，免受敌人侵扰，从而能够不受干扰地信奉他们的宗教。他们将松软的凝灰岩挖空，建造走廊、房间和整个教堂。格雷梅是同名国家公园的中心，也是所有山谷中开发最好的地方，不过这里的游客实在太多了。那些希望寻找与世隔绝之感的游客，则更有可能在周边的山谷中遂愿。

基本情况

位置： 位于土耳其中心的卡帕多西亚地区

面积： 95.72 平方千米

1985 年被列入联合国教科文组织《世界遗产名录》

格雷梅是同名国家公园的中心。凝灰岩使洞穴夏季凉爽，冬季免于寒冷。其中一些洞穴已被改建成酒店客房。

　　在卡帕多西亚的内夫谢希尔高地，火山活动产生的一片片凝灰岩分布在年代久远的岩石上，由于受到不同程度的侵蚀，形成了蘑菇状、柱状和金字塔状的岩石景观。

瓦迪拉姆自然保护区
联合国教科文组织世界遗产

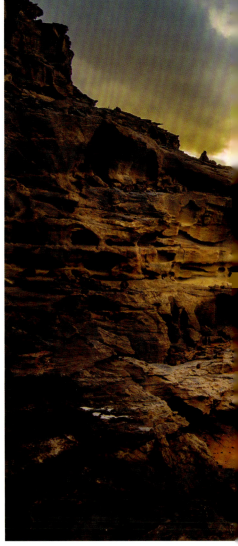

瓦迪拉姆位于砂岩高原上，形成于大约 3000 万年前的地质断层，当时一条巨大的地质裂缝撕开了巨大的峡谷，分隔出山脉。在数百万年的侵蚀作用下，壮观的沙漠景观便形成了，包括狭窄的峡谷、奇形怪状的岩石景观和许多洞穴。瓦迪拉姆周围的山脉由花岗岩和砂岩构成。颜色较深的花岗岩组成山脚，泛红的砂岩构成山顶。这也是沙漠山谷狭窄处有许多泉水的原因：冬季落下的雨水穿透多孔的砂岩，遇到坚不可摧的花岗岩，然后向下流到山坡上。泉水往往高出谷底几十米。

基本情况

位置： 位于约旦南部，靠近沙特阿拉伯边境

面积： 740 平方千米

2011 年被列入联合国教科文组织《世界遗产名录》

瓦迪拉姆的泉水众多，这座山谷早在新石器时代就有人居住了。

"阿拉伯的劳伦斯"（托马斯·爱德华·劳伦斯）在《智慧七柱》一书中写道："……在这些巨大的群山之中，人们让自己的渺小暴露出来，感到恐惧和羞愧。"这让瓦迪拉姆声名鹊起。

恰伦国家公园

三百万年来，这里的山崖和河流一直在玩着运动的游戏。那时，地势开始上升，上方的湖泊干涸，变成了一条河流，河水冲刷着松软的砂石，用它的力量从山崖上拔下一块块小岩石，裹挟着它们继续前行。在河水的冲刷过程中，小块的石头被磨成了沙子。如今这片山崖看起来就像石匠凿出来的一样。很多

人对美国科罗拉多大峡谷很熟悉，因此恰伦峡谷经常被称为它的小兄弟。一些残留的山崖会让人联想到城堡遗址的塔楼，另一些则会让人想起纪念碑。所有这些山崖都呈现出柔和的锈红色。特别是在日出和日落时分，这些石头似乎会发光。

基本情况

位置： 位于哈萨克斯坦最东南部
长度： 80 千米
成立时间： 1964 年

恰伦峡谷位于中国边境附近，深约300米。虽然蛇和蝎子生活在山崖洞窟之中，但它们很少露面，害羞的地松鼠也总是躲起来。

"城堡谷"是恰伦峡谷特别壮观的一段。保护区内不仅有独特的山崖地形，还有1500种不同的植物。一种可以追溯到冰河时期的古老的白蜡树，唤起了许多植物学家的热情。河流和峡谷的名字"scharyn"就来自维吾尔语中的"白蜡树"一词。

戈壁古尔班赛汗国家公园

洪果沙丘或许是戈壁滩上最壮观的景象。它属于戈壁古尔班赛汗国家公园，这里不仅坐落着蒙古最大的沙丘，还以"会唱歌的沙丘"而闻名。当风以一定角度拂过沙丘峰顶，滑动的沙子会发出管风琴般的呼啸声，几千米外都能听到。由于风总是自北向南吹，所以沙丘最高可达 300 米。如果能登上沙丘，一定能体会到骆驼——久经沙漠考验的交通工具——的功劳是多么大。在北部，有茂密的植被与沙丘平行成行，被崇戈林河环抱其中。这条河沿着沙丘流淌，在一片干涸的景色中滋润出了一片绿洲。它的源头位于地下。

基本情况

位置： 位于蒙古南部，南戈壁省
面积： 2.7 万平方千米
成立时间： 1993 年

洪果沙丘位于戈壁－阿尔泰山脉中的一个狭窄的山谷里，这是一片长达80千米的沙丘地带。这里一月的平均气温为 −15℃，七月的平均气温为 20℃，有300 多米高的巨型沙丘。

淡黄色的沙丘令人印象深刻，其色彩的组合散发着一种特别的静谧感。但是，当风掠过沙丘顶峰，这种平静就消失了，风声可以传到数千米之外。目之所及，沙丘周围都是大草原。

新疆天山
联合国教科文组织世界遗产

　　曾经，天山北麓一定会有一片巨大的海洋：因为新疆独山子区和乌苏市附近的奎屯大峡谷，并没有像世界上许多其他重要的大峡谷那样受到河流冲蚀。奎屯大峡谷是世界遗产"新疆天山"的一部分，完全由海底的沙子和沙砾组成，经过数百万年的侵蚀，形成了有着无数裂缝和沟壑的坚固的山体景观。经过地质演变、向上折叠，峡谷形成了今天的奇特面貌。在巨大的峡谷生态系统中，来自天山的众多小溪和大河纵横交错，河道随季节和降雨量的变化而变化。

基本情况

位置： 山脉在中国的部分位于新疆维吾尔自治区的西北部
面积： 6068.33 平方千米
2013 年被列入联合国教科文组织《世界遗产名录》

春天，奎屯大峡谷中的水流量增多，
河水在刻满沟壑的峡谷岩壁间流动。

几乎没有人不会对奎屯大峡谷的景
色感到震撼。峡谷两侧是岩石台地，台
地之上及其周围布满无数沟壑和褶皱。

武隆风景区
联合国教科文组织世界遗产

在这里，你很难找到一定之规，因为没有两个景点是相同的。尽管如此，这里的一切似乎都有一个共同点：令人

在中国南方的热带地区，碳酸化学反应形成了独特的风化地形，即人们所说的喀斯特地貌或岩溶地貌。此处强烈的风化作用形成了奇特的岩溶形态，如锥状岩溶、塔状岩溶和石林。这片世界遗产的分布区包括几个具有相应地貌特点的地区，如昆明附近的石林、贵阳附近的荔波和重庆附近的武隆等。在武隆风景区中，有一个被称为"天生三桥"的著名景区，这些石桥及其周围的岩石地貌都是由喀斯特地貌的侵蚀作用形成的，令人印象深刻。三座桥以"龙"命名：天龙桥、青龙桥和黑龙桥。桥与桥之间是大峡谷、溶洞和瀑布。

印象深刻的喀斯特地貌，无论它们是绿树成荫还是山岩耸立。

幸亏，水没有恐惧感。否则，当它在 80 米左右的高度，从悬崖边缘自由落体坠入狭窄的峡谷时，肯定会胆战心惊。

花纹艳丽的玉斑锦蛇并非不显眼，但它用极快的运动速度弥补了这一短板。

基本情况

位置： 位于重庆市南部中心地区，是中国南方喀斯特地貌的一部分

2007 年被列入联合国教科文组织《世界遗产名录》

武陵源风景区
联合国教科文组织世界遗产

这里的山峰分布在张家界和天子山两个地区，沿金鞭溪两岸延伸，由500米厚的沉积岩层在侵蚀作用下形成。两地之间的山谷非常狭窄，不适宜农业生产。因此，位于中国东南部湖南省的这片地区基本上少有人烟。如今，几乎所有比较显眼的山岩都有一个美丽的名字。整个地区植被茂密，河道纵横。据统计，

这里约有3000种植物，空气湿度较高。游览胜地还包括两座天然形成的石桥，其中一座长26米，横跨约100米高的峡谷；另一座更为壮观，长达40米，横亘于约350米高的峡谷之上。

这些石柱山体就像永远石化了的孤独巨人，高耸入云。猕猴就生活在这里的山岩之间（上图）。

基本情况

位置： 位于中国湖南省西北部，张家界市北部地区，是张家界世界地质公园的一部分
面积： 264平方千米
1992年被列入联合国教科文组织《世界遗产名录》

　　墨绿色植被覆盖的砂岩和喀斯特地貌给人留下了怎样的印象？如果用一个词形容的话，那就非"神秘"莫属了，尤其是当浓雾在它们脚下萦绕的时候。

台江公园

台江公园的陆地面积约为 50 平方千米，水域面积约为 340 平方千米，包括滩涂、潟湖、红树林沼泽和湿地。除了鱼类和哺乳动物，水中还生活着珍稀的黑脸琵鹭等鸟类，公园专门为这种鸟设立了一个保护区。昔日的运河和航路为公园平添许多魅力，游客可以乘坐独木舟或木筏探索红树林。例如，四草绿色隧道就曾是 200 年前台南市的第一条运河，如今台江公园的部分区域就位于这条运河上。如果在一个多小时内穿过长满枝丫、低矮的树木和红树林的隧道，游客肯定还会遇到一两只招潮蟹或滩涂鱼。

基本情况

位置： 位于中国台湾西南海岸，距此最近的城市是台南市

面积： 393 平方千米

成立时间： 2009 年

台南的红树林就像迷你版的亚马孙河。七股区的水上日出也很美。

台江公园的湿地和红树林沼泽是众多鸟类的家园，如翠鸟（大图）、黑额琵鹭（左一图）和鸻鸟（左二图）。

庆州国立公园
联合国教科文组织世界遗产

在庆州国立公园，美丽的荒野与古老的文化宝藏交相辉映。作为韩国唯一的历史遗迹形态的国立公园，自然和文化爱好者来此都能心满意足。望月寺巨大的彩绘木门给人留下极深的印象，不亚于当地的毒蛇虎斑颈槽蛇背面的花纹，徒步旅行者需要小心，不要被它咬伤。在由花岗岩雕刻的佛像旁，岩石的自然风化描绘出各种图案。著名的佛国寺是公园的标志性建筑，就算已经没有一块石头可以追溯到久远的新罗时代，这座古刹也已经屹立了近 1500 年。至于自然景观，极具特点的是生长于此的日本红松和生活在保护区内的鸳鸯，鸳鸯的羽毛颜色鲜艳，是一种著名的观赏鸟类。

基本情况

位置： 位于韩国东部地区，庆尚北道，距此最近的城市是庆州市

面积： 138 平方千米

成立时间： 1968 年

2000 年被列入联合国教科文组织《世界遗产名录》

白天，有时候这些树似乎在偷偷跳舞。通常情况下，不会被人们察觉到，当然也不会像公园里的这些神松一样被拍下来。

戴胜鸟、花栗鼠和两只鸳鸯（上图）。在阳光的照耀下，公园里的树木显得格外神秘（左图）。

富士箱根伊豆国立公园

富士箱根伊豆国立公园

在日本人眼中，富士山不仅是一座圣山，更是一尊大神。当地人说，它是日本人的心脏。当他们黯然神伤时，望一眼富士山，心情便又好了起来。每年会有成千上万的人慕名前往这座海拔3776米的高山游览。每年从7月1日"山开"起，只有两个月的时间允许登山。它也是富士箱根伊豆国立公园的一部分。

基本情况

位置： 位于日本本州岛的中心地带，包括富士山、富士五湖、箱根、伊豆半岛和伊豆诸岛
面积： 1218 平方千米
成立时间： 1936 年

它是日本的象征，也是日本灵魂的精髓：海拔 3776 米的富士山不仅是日本的最高山，也是日本最负盛名的山。

如今，这座复式火山既是一片精神圣地，也是一处大众旅游热门景点。但人们乐于抛在脑后的事实是，富士山仍处于活跃期，随时都有可能喷发。

绚烂瞬间：在色彩斑斓的夕阳里，富士山耸立于周围荒芜的景色中，显得格外静谧。

祖母山、倾山和大崩山
联合国教科文组织生物圈保护区

森林，森林，还是森林：祖母山、倾山和大崩山周边的这些地方绿树连天，直到 2017 年才被认定为联合国教科文组织生物圈保护区。树种以山毛榉为主，在海拔较高处则是常绿针叶乔木，形成了从高空俯瞰颇为浓密的绿色植被，梅花鹿就生活在其中。这里旅游开发虽然相对较少，但独自远足并不难，因为保护区内有四通八达的路网。海拔 1756 米的祖母山是保护区内的最高峰，在大崩山上也能欣赏到动人的美景。这里之所以被认定为联合国教科文组织生物圈保护区，就是为了赞赏和促进当地人、大自然和手工业之间的和谐共生，其中包括传统的香菇种植业、林业和采煤业。

基本情况

位置： 位于日本九州岛的祖母山 – 倾山 – 大崩山山脉

面积： 2436 平方千米

2017 年被认定为联合国教科文组织生物圈保护区

高千穗峡谷的真名井瀑布（下图），
高 17 米。瀑布与绿色丛生的山坡形成鲜
明的对比，令人印象深刻。

高千穗峡谷的溪水在狭窄的石缝中
流淌，流过长满青苔的岩石（左图）。

巴图拉慕士塔格山脉

帕苏锥峰群的海拔超过6100米，巍然屹立于喀喇昆仑山脉的支脉巴图拉慕士塔格山脉之上，位于帕苏村东北方向，山岩尖耸陡峭。当地人称其为"土坡荡"（Tupopdan），意思是"一个太阳"。人类首次登顶并非很久以前的事情，直到1987年，由五名英国登山者组成的登山队才首次站在山顶一览群山。

从"土坡荡"北部望去，可以看到帕苏冰川向东蔓延，连绵24千米，两侧分别是海拔7748米的巨峰帕苏萨尔峰和海拔7611米的斯萨匹尔峰。后一座山峰长期以来一直未被征服：一支韩国探险队于1994年登上了这座难以逾越的山峰，他们至今仍是唯一成功登顶的探险队。

基本情况

位置：位于巴基斯坦吉尔吉特地区，最高峰是帕苏萨尔峰

云雾通常悬在帕苏锥峰群的山坡上，更加凸显了它的巍峨壮丽。尖耸的形状是这条山脉的特征，因此这里也常被称为"帕苏大教堂"。

帕苏冰川位于帕苏村南部，与著名的巴图拉冰川相连。

荷米斯国家公园

　　每隔 12 年，荷米斯寺就会举行一次丰富多彩、热闹欢乐的节日活动：藏族人庆祝猴年，因为在他们看来，猴年是幸福好运的象征。这座寺庙是当地最古老、规模最大的寺庙，位于荷米斯国家公园，距拉达克地区的列城约 40 千米。这里的海拔超过 3000 米，是一片得天独厚的动物栖息地，对于珍稀动物雪豹来说尤其如此，据估计，这里生活着大约 50 只雪豹。此处干燥的气候条件最适合松树林生长，加之雄伟的山岩、峡谷和河流，游客仿佛远离了人类文明，回归原始世界。

基本情况

位置： 位于印度拉达克地区，查谟－克什米尔地区东部的中心地带

面积： 4400 平方千米

成立时间： 1981 年

头很小巧，脖子上的羽毛蓬松，展翅飞翔：冬日的早晨，一只胡兀鹫在天空翱翔。它看到了嶙峋的山峰和碧绿的河流。

对于贫瘠的生活环境，山羊（左一图）和濒危的赤羊（左二图）似乎并不太在意。

三千滩

三千滩的风景犹如来自另一颗星球。在这里，湄公河就是一位艺术家，将大自然的形状和色彩调色完美结合。它凿出了圆洞，将边角打磨光滑，还为一些岩石镶嵌上奇妙的孔洞。这些孔洞和潭水上演着奇妙的色彩和光影的缤纷秀。无论是碧绿色还是近乎黑色，小水潭的色彩都很特别。其中往往孕育着生命，比如鲜绿色的浮萍就为小水潭平添了原本缺失的生机活力。对于一些游客而言，光滑的橙色岩石会让人想起美国西部的大峡谷，这也是三千滩被称为"泰国的科罗拉多大峡谷"的原因。

基本情况

位置： 位于泰国东北部的乌汶府，湄公河流域

湍急的湄公河在三千滩附近的岩石上啃出了 3000 多个凹洞，有些很小，有些则大如池塘。

前来此地游览就像是参观一场令人眼花缭乱的色彩盛宴，但观赏的季节仅限于 1—4 月旱季，因为只有在旱季才能进入该地区。一年中的其他时间段，这片仙境会完全被湄公河淹没。

斯米兰群岛国家公园

斯米兰群岛的九个小岛就像一串珍珠项链，位于距泰国西南海岸 70 千米的缅甸海（安达曼海）上。为方便起见，人们将它们从北到南依次编号，它们与另外两座岛屿共同组成了斯米兰群岛国家公园，属于泰国攀牙府。潜水和浮潜爱好者通常能看到水下 18 ~ 25 米的壮观景象，有时甚至能看到 40 多米

深的水下世界。岛屿西面的潜水区域面向大海，而东面的潜水区域则被珊瑚礁环绕。生活在斯米兰群岛周围的大型野生动物包括鲸鲨、圆犁头鳐、黑尾真鲨和蝠鲼。在陆地上，铺满白色细沙的梦幻海滩令人神往。最具特点的便是高达 200 米的山岩，仿佛是由一只巨手堆砌而成的。

斯米兰群岛是畅游海底世界的理想之地：斯米兰群岛国家公园的潜水区是世界上最好的潜水地点之一。

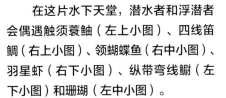

在这片水下天堂，潜水者和浮潜者会偶遇触须蓑鲉（左上小图）、四线笛鲷（右上小图）、领蝴蝶鱼（右中小图）、羽星虾（右下小图）、纵带弯线鳚（左下小图）和珊瑚（左中小图）。

基本情况

位置：位于泰国西南海岸线之外的缅甸海（安达曼海），属于攀牙府
面积：140 平方千米
成立时间：1982 年

板约瀑布

越南北部的板约瀑布和中国的德天瀑布相连，是跨国瀑布中第四长的瀑布，仅次于伊瓜苏瀑布、莫西奥图尼亚大瀑布和尼亚加拉瀑布。归春河分为几个阶梯，在 300 米宽的河面上飞流直下 53 米。5—9 月雨季，瀑布会形成一个连续的水帘，而在其他时间，水帘会被阶梯的边缘分割成多段。瀑布周围的稻田和高大的锥状岩溶山，为这里增添了一道亮丽的风景线。瀑布靠近中国的一侧是长约 1 千米的通灵大峡谷，只有通过洞穴隧道才能进入。近年来，人们还在这里发现了几种当地特有的植物。

迈过多级阶梯，横跨多段瀑布的边缘，河水才汇成几股洪流涌入终点。

基本情况

位置： 位于越南北部的高平省，靠近中国边境

瀑布周围是一片郁郁葱葱的热带雨林，生长着许多珍稀植物。

尼亚国家公园

　　早在 4.5 万年前，现代人已经在这里定居。这一点可以得到证明：1958 年，科学家在尼亚洞穴发现晚更新世时期的智人头骨，这是证明马来群岛上存在智人最早的证据。虽然尼亚国家公园巨大的洞穴隧道远未被完全探索，但迄今为止，已经在这里发现了工具、饰品和 1200 年前的岩画。洞穴里生活着一大群金丝燕。这种鸟用唾液筑巢，所筑的巢是一种美味佳肴，因其为燕窝汤的食材，备受垂涎。槟城当地居民在洞穴里采集燕窝，并以高价转售出口。

基本情况

位置： 位于婆罗洲（Borneo，即加里曼丹岛）北部海岸的中心地区，靠近同名城市尼亚

面积： 31.4 平方千米

成立时间： 1974 年

尼亚国家公园有一种神秘感。这在很大程度上要归因于神秘的洞穴和茂密的绿色植被，虽遮蔽了阳光，却挡不住云雾缭绕。

婆罗洲的洞穴足够美丽，但有些洞穴里的"居民"也足够令人胆寒，比如这个巨大的驼螽（灶马）。

阿尔拜生物圈保护区
联合国教科文组织生物圈保护区

在吕宋岛南端，有一片独特的自然保护区——阿尔拜生物圈保护区：这里拥有广袤的草原和原始森林，生长着180余种植物，其中46种是当地独有的。红树林中的物种尤其丰富，是真正的鸟类天堂。吕宋鸡鸠就是当地一种特有的鸟，每次看到这种大自然的造物，总能让人大吃一惊：其胸前有一抹血红

色斑点，仿佛有人刚刚在它的心脏上刺了一刀。与之相反，菲律宾铠甲蝮通体翠绿，喜欢在树上蜿蜒爬行，会让一些人感到恐惧。马荣火山的山坡上仍然保留着古老的原住民文化，许多人以编织、制陶等手工业为生。然而，由于气候变化，这片地区也经常受到山体滑坡和严重的水灾等困扰。

基本情况

位置：阿尔拜生物圈保护区位于菲律宾吕宋岛最南端，包括马荣山附近的陆地和水域

面积：2479.19平方千米

2016年被认定为联合国教科文组织生物圈保护区

吕宋岛东南部的比科尔半岛上耸立着一座海拔约2460米的复式火山——马荣火山。它因外形优美而被誉为地球上最美的火山之一，但它也因惊人的喷发次数而声名狼藉，喷发时经常伴有火山碎屑流和火山泥流。这座菲律宾第二高火山也是这个岛国最活跃的火山，自

1616年有记录的首次喷发以来，已喷发了50次。由于它位于人口稠密地区，每次喷发都会对附近的城镇和村庄构成严重的威胁，迄今为止最具破坏性的一次喷发（1814年）就夺去了1200余人的生命。从空中俯瞰，这座对称的复式火山几乎呈奇妙的圆形，底部周长达20千米。

火山的典型代表：马荣火山几乎呈
完美的圆锥形，高耸入云，被一小团烟
云笼罩（下图）。这种圆锥形外形，人
们在奎廷代绿山也能欣赏到（上页小图）。

马荣火山

马荣火山彰显了大自然的矛盾性，
因为任何火山爆发都是危险且令人不安
的，但黄昏时分，倒映在水中的炽热熔
岩分外美丽。在火山的上半部分，陡坡
可达 35 ~ 40 度，而在山顶位置则是一
个相对较小的火山口。

基本情况

位置：马荣火山位于马荣自然保护区
的中心位置，处于比科尔地区，在
吕宋岛南部
面积：58.03 平方千米
成立时间：2000 年

勒塞尔火山国家公园
联合国教科文组织生物圈保护区 | 联合国教科文组织世界遗产

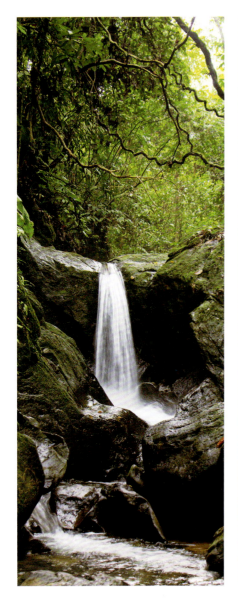

在苏门答腊岛，由于人口压力过大，大片的原始森林都被烧毁，以腾出空间开辟田地和（棕榈树）种植园。位于苏门答腊岛北部的勒塞尔火山国家公园是印度尼西亚著名的自然保护区之一，面积达 9000 平方千米。它不仅为珍稀猴类提供了安全的栖身之所，据说还是印度尼西亚最重要的荒野保护区。在印度

尼西亚，红毛猩猩和老虎、犀牛等其他野生动物的栖息地已所剩无几。只有在这片保护区内才能找到苏门答腊犀牛和苏门答腊虎等高度濒危动物。它们都生活在这个物种极为丰富的生态系统里，每 1 公顷土地上都生长着多达 130 种不同的树木。

勒塞尔火山国家公园以其丰富多彩的动物世界而闻名。苏门答腊象是这里特有的动物，属濒危物种。

基本情况

位置: 位于苏门答腊岛最西北部
面积: 9000 平方千米
成立时间: 1980 年
1981 年被认定为联合国教科文组织生物圈保护区
2004 年被列入联合国教科文组织《世界遗产名录》

在苏门答腊岛北部，濒临灭绝的红毛猩猩依然安逸地生活着（大图）。豚尾猕猴和食蟹猕猴也在这里受到了庇护（上方小图）。

红色的莱佛士花在盛开时，花朵的直径可达 1 米（左图）。

布罗莫腾格尔塞梅鲁 - 阿朱诺生物圈保护区
联合国教科文组织生物圈保护区

爪哇岛著名的国家公园之一，已扩建为生物圈保护区：在爪哇岛的所有火山中，海拔 2392 米的布罗莫火山因其独特的景色而成为参观人数最多的火山，人们很容易便能登上火山锥和周围陡峭的山坡。它的旁边耸立着爪哇岛最高的火山，海拔 3676 米的塞梅鲁火山。这座火山被风景如画的高山湖泊环绕，攀

登上去并非易事，必须克服 1300 米的高度，而且有一半的路要经过火山口下方开阔陡峭的熔岩碎石。腾格尔当地居民生活在幽静的山中世界。伊斯兰教传到爪哇岛后，原住民退居山区，他们在那里至今仍保留着印度教传统。

基本情况

位置： 位于爪哇岛东南部
面积： 41.3374 万平方千米
2015 年被认定为联合国教科文组织生物圈保护区

夜晚时分，当游客登上爪哇岛东部泗水的火山时，夜幕将奇景笼罩得严严实实，人们完全不知道自己即将看到什么。站在一片漆黑中，看着夜色慢慢褪去，似不情愿般露出三座巨山的轮廓。它们变得越来越清晰，逐步从黑夜中剥离开来。突然间，它们矗立在你眼前，虚幻而又充满威胁：沉睡的巴托克火山，看起来就像一只鼹鼠怪的家；后面是亢奋的布罗莫火山，火山口嘶嘶作响，散发出刺鼻的硫黄气味；至于雄伟的塞梅鲁火山，那从火山口冒出的烟柱，犹如火山里有巨人正围坐在一个壁炉旁。

这是印度尼西亚最壮观的一片全景，也是最稍纵即逝的景色之一，因为火山经常湮没在云雾中，给游客一种恍然如梦的感觉。

布罗莫腾格尔塞梅鲁国家公园

基本情况

位置： 位于爪哇岛东南部
面积： 502 平方千米
成立时间： 1982 年

布罗莫火山经常会发生小规模的喷发，黑色的熔岩在其边缘形成宽阔的沙丘地带。大部分喷发都属于"斯特朗博利型火山喷发"（即具有中等程度爆炸发生的火山喷发活动），每隔一小段时间就会喷出火山灰、火山砾（核桃大小的熔岩块）、火山渣和火山弹（凝固的熔岩块），喷发强度相对较弱。

芭环礁生物圈保护区
联合国教科文组织生物圈保护区

芭环礁生物圈保护区位于马尔代夫首都马累以北约 150 千米处，占地面积为 1200 平方千米，由 75 座岛屿组成，其中 13 座岛屿上居住着约 1.2 万人。每年夏天，当大量浮游生物漂入保护区时，数十只蝠鲼就会在克哈瓦岛和邻近的兰达吉拉瓦鲁岛周围的潟湖中嬉戏。对潜水者而言，这是一次非常难得的体验。

尽管蝠鲼的翼展将近 4 米，嘴巴总是大张开，但这个大家伙看起来却显得温和而安详。前口蝠鲼在达旺杜提拉礁上绕着潜水者转圈，其平静的振翅声不禁让人想起山雕，然后就消失在深蓝色的海洋中。海龟游过，留下痕迹，在色彩斑斓的珊瑚和苔藓虫之间，还能看到鲸鲨和斑点九棘鲈等热带鱼。

芭环礁生物圈保护区因其广袤的珊瑚礁和红树林而具有重要的生态意义。其生物多样性在马尔代夫范围内也颇为可观。

　　环形礁石和其他奇特的礁石结构令马尔代夫备受瞩目，这些礁石在芭环礁生物圈保护区内分布密集。这里拥有整个岛屿群里面积最大的红树林沼泽，这也是军舰鸟的筑巢地。雄性军舰鸟挺起的红色喉囊很显眼，一眼就能认出来。

基本情况

位置: 位于马尔代夫首都马累以北约150 千米处，卡西杜坎杜海峡北部
面积: 1200 平方千米
2011 年被认定为联合国教科文组织生物圈保护区

死海

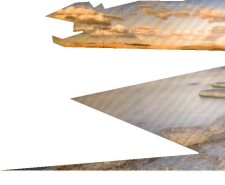

死海没有出水口，是地壳中可见的最深的洼地，位于海平面以下 428 米处。直到 20 年前，死海一直是由南北两部分组成，南部较小，北部较大，这是受利桑半岛限制造成的。近年来，由于约旦河水的开采量不断增加，海平面急剧下降，死海只剩下北边的部分，面积约为 800 平方千米，平均深度 120 米，周长 135 千米。以色列和约旦急需这些水用于灌溉和工业，但最重要的是用于饮用。然而，由于蒸发量居高不下，进水量减少，死海正在慢慢干涸。自 20 世纪 80 年代以来，死海水位每年下降约 1 米。

基本情况

位置： 位于中东地区
面积： 810 平方千米

死海的湖水来自约旦河，在基督教信仰中，约旦河是耶稣受洗的地方，因此具有特殊的意义。约旦河将淡水注入死海，湖水蒸发后含盐量增加。

水在死海前的天然洼地中汇集。湖水在强烈的阳光照耀下蒸发，留下厚厚的盐壳。

亚洲 | 跨境　195

帕米尔山脉

这里的湖水清澈见底，部分水源是冰川。水中倒映着湛蓝的天空，与帕米尔地区陡峭的高山上嶙峋的褐灰色岩石形成鲜明的对比，引人入胜。

　　帕米尔山脉横跨三个国家（中国、阿富汗和塔吉克斯坦），帕米尔系塔吉克语"世界屋脊"之意。这里几乎没有进行过旅游开发。欧亚大陆众多山脉（天山、喀喇昆仑山、昆仑山和兴都库什山）交汇于帕米尔高原，这里还拥有极地之外最长的冰川。帕米尔山脉的地质活跃度很高，大约100年前，一场地震造就

了深蓝色的萨雷兹湖；巨大的山体滑坡掩埋了乌苏伊村，并完全封闭了山谷。帕米尔地区最大的湖泊——喀拉库尔湖，形成于大约500万年前的陨石坑。尽管昼夜温差和季节温差极大，但帕米尔地区仍生长着丰富的高山植物，这些植物主要来自中亚。

基本情况

位置: 横跨中国、阿富汗和塔吉克斯坦

面积: 12万平方千米

喀喇昆仑山脉

　　1500 年前，中国的高僧法显为寻求佛法，在喜马拉雅山脉险峻深邃的高山峡谷中艰难跋涉。一天，他来到了喀喇昆仑山，被眼前的景色惊呆了，心生敬畏。他后来在书中描绘道："其山唯石，壁立千仞……下有水，名新头河（即印度河，Indus，出自法显著《佛国记》——译者注）。"时至今日，人们站在喀喇昆仑山前仍然会目瞪口呆，高山从平原上陡然升起，海拔高达 5500 米，仿佛是天国里堡垒的城墙，它的主峰就是地球上的第二高峰乔戈里峰（K2 峰）。喜马拉雅山最崎岖险峻的地区莫过于此地，大自然的粗放狂野也感染了这里的人们。这是地处文明世界之外的一片天地，现代科技来得太晚。据说，这里的居民曾经把干草当作饲料，喂给出现在喀喇昆仑山脉的第一批吉普车。

基本情况

位置： 西临兴都库什山脉，南接喜马拉雅山脉

那些长途跋涉前往乔戈里峰的人，或许会经过这片积雪覆盖的碎石地。它被称为阿里营地，位于贡多戈罗垭口之前。

巴尔托洛冰川位于喀喇昆仑山脉东部，是此处最著名的冰川之一（左一图）。莱拉峰（左二图）也值得一看。

大洋洲

　　乌鲁鲁－卡塔丘塔国家公园中的红色岩石承载着澳大利亚的精神财富——艾尔斯岩石（又名艾尔斯岩、艾尔斯巨石，当地原住民称其为乌鲁鲁、乌鲁鲁巨石——译者注）已成为这个国家的象征。在澳大利亚的国家公园中，人们可以领略到该国地形的多样性：辛普森沙漠的沙丘、昆士兰湿热带地区的丛林和大堡礁的海底世界。在新西兰，库克山［当地原住民称之为"奥拉基山"（Aoraki）］国家公园和峡湾国家公园等公园的周围，大海和高山相映成趣。浩瀚太平洋上的帕劳以及法属波利尼西亚的环礁和岛屿星罗棋布。

　　新西兰的峡湾国家公园位于南岛西南端，雨林中纵横交错着许多小河和溪流，河中布满青苔的石头与雨林的绿色世界融为一体，美不胜收。

大堡礁
联合国教科文组织世界遗产

　　大堡礁由大约 2500 个珊瑚礁和500 个珊瑚岛组成，沿澳大利亚东北海岸线绵延 2000 余千米。珊瑚礁的"建筑师"是与蓝绿藻共生的珊瑚虫。浮动的珊瑚虫幼虫在春天孵化，于靠近水面的珊瑚礁上筑巢，形成自己的骨架，并与同类一起形成一个集群。经过一段时间，它们死后，其石灰质骨骼被磨成细

沙。藻类将沙子"烘焙"成另一层珊瑚礁。第二年，新的小珊瑚虫就又可以在上面安家落户了。千百年来，珊瑚礁和岛屿就是这样生长起来的。大约有 1500种鱼类生活在珊瑚礁周围的水域中，这里还有成百上千种本地鸟类、珊瑚和软体动物。

基本情况

位置: 位于澳大利亚昆士兰州东海岸外

面积: 34.87 万平方千米

1981 年被列入联合国教科文组织《世界遗产名录》

这片海底世界独一无二，就算从高空俯瞰也会让人着迷。乘飞机飞越大堡礁，就能看到礁石闪烁着深浅不一的蓝色。

它在水中滑行，诡异而优雅：迷人的巨型蝠鲼总是与"清洁工"相伴而行——蝠鲼重达2吨，翼展可达7米，用鳃耙来过滤水中的食物，有清洁鱼负责清理蝠鲼的鳃耙。

昆士兰湿热带地区
联合国教科文组织世界遗产

这片地区的面积近 9000 平方千米，包含约 20 个国家公园和自然保护区。如今，热带雨林只覆盖了大分水岭的部分山脊、大陆崖的洼地以及昆士兰的沿海地区。数百万年来，热带气候一直很稳定，由于免于外界打扰，这里便形成了物种丰富的动植物群。800 多种不同的树种形成了一个多"层"森林。高达 50 米的巨树遮天蔽日，密不透光的树冠下生长着 350 多种高矮各异的植物，主要有蕨类、兰花、苔藓和地衣。澳大利亚大约 1/3 的有袋动物和爬行动物，以及 2/3 的各类蝙蝠和蝴蝶都生活在这片相对小巧的区域内。

基本情况

位置: 位于澳大利亚东北部，沿着大堡礁的海岸延伸

面积: 8934.53 平方千米

1988 年被列入联合国教科文组织《世界遗产名录》

虹彩吸蜜鹦鹉的羽毛闪烁着美丽的彩虹色。这些鹦鹉的适应能力很强，无论是雨林还是干燥的桉树林，它们都能适应。

在颜色上，澳洲国王鹦鹉（右上图）与色彩斑斓的绯胸鹦鹉相映成趣，而公园里的其他居民则显得很低调：绿环尾袋貂（中上图）、沼林袋鼠（中下图）、红棉头角蜥（右中图）、澳洲水龙（右下图）。左图为米拉米拉瀑布。

戴恩树国家公园
联合国教科文组织世界遗产

澳大利亚人总爱讲一些关于动物吃人的故事，让老实人心生恐惧。其中有这样一则故事：鳄鱼很狡猾，它们会特别留意穿白色运动鞋的人。它们知道穿这种鞋的一般都是游客，会冒失地站在岸边离水很近的地方。在戴恩树国家公园，这种荒诞离奇的故事尤为盛行，因为那里确实有牌子警告游客："鳄鱼的胃

口很好！"但这并不能拦住人们游览的脚步，因为这座公园堪称造物主的奇迹：这里有地球上最古老的热带雨林，距今已有1.35亿年的历史，其面积虽然只占澳大利亚陆地面积的0.01%，却生活着澳大利亚陆地上30%的哺乳动物。地球上最古老的开花植物也生长于此，而某些动物也只有在这片土地上才能看到。

基本情况

位置: 位于澳大利亚凯恩斯市西北方向约100千米处
面积: 772平方千米
成立时间: 1967年
1988年被列入联合国教科文组织《世界遗产名录》

站在亚历山德拉山上，戴恩树国家
公园的壮丽景色徐徐展开。

溪流沿岸有许多奇妙的景观等待游
客发掘，进而令他们意识到这片风景的
独一无二。

卡卡杜国家公园
联合国教科文组织世界遗产

卡卡杜国家公园经过多次扩建，现已包含 5 个不同的地貌区。在多条河流流经的海潮区，红树林的支柱根在淤泥中扎牢，保护腹地免受海浪的破坏性冲击。到了雨季，靠近海岸的地区会铺上一层由荷花、睡莲和槐叶萍绘就的"彩色地毯"。澳洲鹤、长脚雉鸻、白面鹭、黑颈鹳和蛇鹈等珍稀水禽在这里安家落户，身长可达 6 米的湾鳄也栖息在这里。毗邻的丘陵地带植被多样，有热带森林、热带稀树草原和草地，覆盖了公园的大部分区域，是澳洲野犬和小袋鼠等濒危物种的避难所。陡峭的阿纳姆断崖从西南到东北贯穿公园，全长 500 千米，它和阿纳姆砂岩高原是一些稀有袋鼠的栖息地。

20 世纪中叶，人们在挖掘作业中发现了具有至少 3 万年以上历史的石器，从而使这座国家公园闻名于世。大量岩画介绍了曾生活在这里的澳大利亚原住民部落的狩猎习惯、神话和习俗。

基本情况

位置: 位于澳大利亚达尔文市以东约 220 千米处，阿利盖特河流域
面积: 19804 平方千米
成立时间: 1979 年
1981 年被列入联合国教科文组织《世界遗产名录》

　　从诺尔朗吉岩远眺，大片湿地尽收眼底（大图）。中间两幅图片是玛丽河流域的瀑布：150米高的吉姆吉姆瀑布流入吉姆吉姆跌水潭；不远处的双子瀑布也同样令人印象深刻。右侧图片自上而下分别为：黄水湿地、诺尔朗吉岩、吉姆吉姆瀑布、乌比尔岩。

乌鲁鲁 – 卡塔丘塔国家公园
联合国教科文组织生物圈保护区 ｜ 联合国教科文组织世界遗产

一片广袤贫瘠的稀树草原中间，"澳大利亚的红色心脏"——乌鲁鲁 – 卡塔丘塔国家公园坐落其间。岩石林立的乌鲁鲁岛山（又称"艾尔斯岩石"）和卡塔丘塔（意为"多头之地"）的 36 座岩石山峰是澳大利亚最著名的自然奇观。它们历史悠久，形成于 5.7 亿年前，与澳大利亚大陆的形成密切相关。同周围的岩

石相比，这些岩石具有极强的抗风化能力，缓慢的风化速度如今令它们在平原上鹤立鸡群，它们就像石化了的目击者，见证了曾经的古生代。阿南古人是澳大利亚原住民的一个部落，在这里已经繁衍生息了 1 万余年。他们相信，自天地初开，他们便生活在这里，其祖先一直管理着这片土地。

基本情况

位置： 位于澳大利亚爱丽丝泉以南约 440 千米处

面积： 1325.5 平方千米

1987 年被认定为联合国教科文组织生物圈保护区

1987 年被列入联合国教科文组织《世界遗产名录》

从空中俯瞰，艾尔斯岩石紧凑的岩体尤其令人印象深刻。如果靠近一些，会发现乌鲁鲁被森林环绕。

乌鲁鲁（艾尔斯岩石）

这座国家公园的核心便是雄伟的艾尔斯岩石，也叫乌鲁鲁，由类似砂岩的岩石构成。一天之中的不同时间，岩石闪烁的红色光芒的深浅小不同。乌鲁鲁不仅是地理中心，在澳大利亚原住民心中还是带有神话印记的地方，这里有许多岩画和圣地。他们从小种世纪（Traumzeit，英语为 Dreamtime，可翻译

为"梦世纪"或"梦幻时光"，指由澳大利亚原住民信仰的宗教所产生的世界观，是澳大利亚原住民的创世神话故事，他们认为世界是在"梦世纪"被创造出来的——译者注）的先祖们创造了这片陆地及其中的生物，在创世的征途中，他们会在这里集会。岩石上的画讲述的神话故事，正是关于这片土地和这座山是如何形成的。相传，在澳大利亚原住民梦世纪的一场激战中，这座巨大的岩石突然从地底升起，把参战双方的灵魂都变成了石头。时至今日，此座石头山仍是原住民心中的圣山，这也是自2019年以来乌鲁鲁一直禁止任何人攀登的原因。

一只眼斑巨蜥在一块大石头上享受日光浴（上图）。上页小图是澳洲沙漠豆的花朵。

艾尔湖国家公园

艾尔湖是澳大利亚最大的盐湖，也是澳大利亚的最低点，低于海平面 15 米，还是艾尔湖盆地的中心。在雨季，河流可将水由内陆地区运过来。季风中的雨量决定了会有多少水流到艾尔湖，以及湖水的深度。每隔 3 年左右，水位就会达到 1.5 米的高度。自 1841 年被发现以来，艾尔湖只有 3 次完全被水填

满。但即使在这种罕见情况发生之后，在南澳大利亚大陆性干热气候条件下，北部的湖泊仍会再次干涸。湖水蒸发后，富含盐分的黏土沉积下来，随着时间的推移形成了厚厚的黏土层。爱德华·约翰·艾尔是第一个从福勒斯湾出发，徒步穿越纳拉伯平原，来到现在的奥尔巴尼的外国人——他用了 3 年的时间。

旭日东升，在柔和的色彩中，这片地区展现出了它全部的魅力。

基本情况

位置: 位于艾尔湖东岸，阿德莱德以北约 750 千米处

面积: 13592.51 平方千米

成立时间: 1985 年

在荒凉的澳大利亚内陆地区中部的
一片绿洲: 季风带来的水填满艾尔湖后,
大自然的奇迹便立刻显现出来。

格兰扁国家公园

　　东面是一系列平行的红色砂岩岩壁，陡峭地跌入平原；西面是格兰扁山脉，缓缓向下延伸到草地和田野上。风和水的相互作用造就了外形奇特的岩石雕塑；马更些瀑布如一条宽绸带，奔腾而下，直抵山谷。这片宏伟的山地风景得名于苏格兰，宛如一座巨大的植物园。澳大利亚许多奇特的动植物都来源于此。考拉在桉树树梢上沉睡，成群的袋鼠在黄昏下吃草。澳大利亚原住民古利人称自己的家园为"Gariwerd"，他们用绘画来装饰洞穴和悬崖。迄今，已发现4000余幅岩画。山中不同难度的徒步路线有50多条，四通八达、纵横交错。

基本情况

位置: 位于澳大利亚维多利亚州中部地区，墨尔本以西250千米、澳大利亚南海岸以北100千米处

面积: 1672.19 平方千米

成立时间: 1984 年

平纳克尔步道是格兰扁地区海拔较高的地方之一。在这里，游客可以欣赏到霍尔斯山谷和其他山峰的壮丽景色。

马更些瀑布是一处令人难忘的自然奇观：水流从多级悬崖上倾泻而下，汇入一口深潭，溅起的水花在峡谷上空形成一道彩虹。

摇篮山 – 圣克莱尔湖国家公园
联合国教科文组织世界遗产

地球上一处宝贵之地，值得为了子孙后代好好保护：摇篮山－圣克莱尔湖国家公园。

奥萨山是塔斯马尼亚岛的最高峰，海拔1617米，与因形状而得名的摇篮山一样，都是由辉绿岩构成的。辉绿岩是一种极其坚硬的岩浆岩，大约在1.65亿年前，被挤压进更古老的沉积岩之间并冷却下来。然而，摇篮山－圣克莱尔湖国家公园陡峭的山峰、冰碛湖和槽谷是在上一个冰河期由冰川形成的，如今

这里已成为世界自然遗产。这里有配着路标的徒步路线，最著名的便是为期5～8天的"陆上小径"，途中可在小木屋里过夜。圣克莱尔湖是虹鳟鱼的故乡，也是塔斯马尼亚最深的天然淡水湖，深达200多米。生活在这里的澳大利亚原住民称其为"Leeawuleena"，意思是"沉睡的水"。

灌木丛为像丛林袋鼠这样的有袋类动物提供保护，它们在其中寻找青草、树叶和嫩芽来食（上图）。

基本情况

位置: 位于塔斯马尼亚岛中心位置
面积: 1612平方千米
成立时间: 1922年
1982年被列入联合国教科文组织《世界遗产名录》

富兰克林 – 戈登野河国家公园
联合国教科文组织世界遗产

塔斯马尼亚岛西部的国家公园拥有气候凉爽温和的雨林，是世界上最后几个没有遭到破坏的生态系统。这也是联合国教科文组织将该地区列入《世界遗产名录》的原因：塔斯马尼亚荒原的中心地带有建于 1908 年的富兰克林 – 戈登野河国家公园。该公园以流经园区内的两条主要河流——富兰克林河和戈登河命名。近年来，澳大利亚政府计划利用富兰克林河建造一座水力发电站，因为这一富有争议的计划，富兰克林河备受关注。在这个国家公园里，人们还可以找到早期澳大利亚原住民定居的痕迹。独木舟的遗迹证明，早在 3 万多年前，人类就已经在岛上建立了第一个定居点。而第一批欧洲人直到 19 世纪 20 年代才开始探索这片地区。

基本情况

位置： 位于塔斯马尼亚岛西部地区
面积： 4463.42 平方千米
成立时间： 1908 年
1982 年被列入联合国教科文组织《世界遗产名录》

从西阿瑟岭俯瞰富兰克林－戈登野河国家公园的平原和远处的埃德加湖，一片风光尽收眼底。

左一图：俯瞰戈登河谷的森蒂纳尔岭；左二图：塔胡恩湖的日出。

西南国家公园
联合国教科文组织世界遗产

西南国家公园
联合国教科文组织世界遗产

光秃秃的石英岩和页岩山体、茂密的森林、绿草如茵的山谷，以及孤寂壮丽的海岸风光交相辉映，构成了塔斯马尼亚岛最大的国家公园的美景。这座公园始建于 1955 年，当时名为佩达尔湖国家公园，如今占地面积为 6052 平方千米，覆盖整座岛屿的西南部地区，也是联合国教科文组织世界遗产"塔斯马尼亚荒原"的一部分。一次又一次，从荒原归来的徒步爱好者们总说他们看到了塔斯马尼亚虎。但迄今为止，这种神秘邂逅从未得到证实，因此澳大利亚人也称其为"塔斯马尼亚的尼斯湖水怪"（Tassie Nessie）。不过与尼斯湖水怪不同的是，塔斯马尼亚虎是一种曾经的确存在过的动物。

基本情况

位置： 位于澳大利亚塔斯马尼亚岛西南部地区

面积： 6052 平方千米

成立时间： 1955 年

1982 年被列入联合国教科文组织《世界遗产名录》

西南国家公园地理位置偏僻，充满原始的野性魅力。奥伯龙湖被高山环绕，以其湖水清澈、渔业资源丰富而闻名（下方大图）。

左图：天空氤氲变化，西南国家公园的格拉尼特滩杳无人烟。

目之所及，皆是一片汪洋：昔日冰
川湖周围的沙滩如今已被淹没。

亚瑟隘口国家公园

亚瑟隘口国家公园的西部气候湿润温和，雨林茂密；东部则干燥寒冷，植被稀疏。冬季，波特高地、克雷吉本和布罗肯河山上的滑雪道吸引着众多滑雪爱好者前往。亚瑟隘口村的游客服务中心提供了大量的公园游览信息，告诉游客可以去哪里徒步旅行，其中就包括 16 座海拔超过 2000 米的山峰，但这些山峰几乎只适合经验丰富的登山爱好者。位于该国家公园边缘的格拉斯米尔山庄独具特色，这里曾经是饲养美利奴绵羊的农场，现在被改建成可以为 9 位客人提供室外温水游泳池、草地网球和槌球游戏的豪华庄园。客人如果喜欢，还可以在这里划独木舟或打猎。一天的休闲活动结束后，晚上再去享用西式大餐。

基本情况

位置： 位于新西兰西岸大区和坎特伯雷大区交界处，新西兰南岛上的南阿尔卑斯山中部靠北地区
面积： 1184.7 平方千米
成立时间： 1929 年

在从克赖斯特彻奇通往西海岸的古道上，亚瑟隘口耸立在一片野鲁冰花田之后，73号公路就在这里横跨南阿尔卑斯山。

阿瓦兰奇山峰的海拔足足有1833米，高耸入云（左一图）。到了冬天，坦普尔盆地是亚瑟隘口国家公园里最受欢迎的滑雪场（左二图）。

库克山国家公园
联合国教科文组织世界遗产

库克山国家公园有 140 座海拔超过 2000 米的山峰，以及新西兰前五大冰川。在通往位于普卡基湖畔的库克山村的途中，有一条碎石支路通往最雄伟的冰川——塔斯曼冰川。如果游客想参观壮观的冰窟，最好在当地参团游览，因为没有向导的帮助，很难在这里徒步旅行。而从库克山村出发的 10 条短途徒步路线则要好走得多，这些路线都配有完备的路标。这里还有一座豪华酒店，从酒店的露台可以俯瞰壮丽的山景。在这座国家公园里有许多奇异的动物，包括奇特的啄羊鹦鹉，以及一些罕见的鹰和猫头鹰。在一众植物中，库克山百合可谓是一个大明星。

基本情况

位置：位于新西兰南岛上的南阿尔卑斯山中部地区，毗邻韦斯特兰国家公园

面积：721.6 平方千米

成立时间：1953 年

库克山的山顶在夕阳里熠熠生辉，仿佛有人将它浸泡于液态黄金中。库克山倒映在清澈的湖水中，犹如在孤芳自赏。

在库克山国家公园里，白雪皑皑的山岩几乎随处可见（左一图），它们如诗如画地排列在溪流纵横的山谷中（左二图）。

峡湾国家公园
联合国教科文组织世界遗产

峡湾国家公园的占地面积约为12120平方千米，是新西兰最大、最秀美的国家公园：在白雪皑皑的群山前，有一片广袤的山毛榉林，树龄几百年的参天巨木披满了青苔。冰川退去，形成宽阔的山谷，山谷被清澈的河流和宁静的湖泊填满。这里有大约700种本地特有的植物和野生珍稀动物。雄伟的峡湾遍布西海岸，但其中只有米尔福德峡湾可以经由公路到达，它是世界上最受欢迎的徒步旅行地之一。根据毛利人的传说，那些恼人的黑色"沙蝇"是死亡女神所造，就是为了在徒步旅行者欣赏优美的风景时，搅扰他们的兴致。

基本情况

位置: 覆盖新西兰南岛的整个西南角，毗邻阿斯派灵山国家公园

面积: 12120平方千米

成立时间: 1952年

1986年被列入联合国教科文组织《世界遗产名录》

最后一抹夕阳仍在山间徘徊，但米尔福德峡湾及其周围的山峰已经被夜幕和云雾笼罩。

最美丽的世界尽头？汇入塔斯曼海的米尔福德峡湾山崖陡峭，植被茂盛，是新西兰南岛最著名的景点之一。通往米尔福德峡湾的公路是世界上最美的山路之一，从蒂阿瑙出发，首先沿着湖泊前行，然后穿过人烟稀少的风景区，还可以在观景台欣赏壮丽的风光。

坎贝尔岛
联合国教科文组织世界遗产

坎贝尔岛属于坎贝尔群岛，位于新西兰南岛以南约 700 千米处。这座岛是火山锥的遗迹，地势很陡峭。内陆山峦起伏，最高峰是海拔 558 米的哈尼山。岛的东部是峡湾，蜿蜒地伸向内陆；西部则以悬崖峭壁和陡峭的海岸为主。在殖民地时期，岛上的自然环境曾遭到严

重破坏：人们在坎贝尔岛周围海域捕杀海豹和鲸；1895 年，一名开拓者在岛上建了一座农场，足足有 8000 只绵羊生活在这里，大量植物都遭了殃。近几十年来，为了让大自然恢复元气，人们下大力气赶走了岛上所有的绵羊、山羊和猪，还把岛上的老鼠也毒死了。

基本情况

位置： 位于新西兰南岛以南约 700 千米处

面积： 112.86 平方千米

1998 年被列入联合国教科文组织《世界遗产名录》

这只年幼的南象海豹似乎很享受目前的生活。这也难怪，因为它周围的大自然经过多年的殖民开拓后，正在慢慢恢复原状。

尽管坎贝尔岛的自然环境有过一段不堪回首的过去，而且还要经常抵御外来物种的入侵，但岛上的动植物种类仍然十分丰富。左侧两图：跳岩企鹅和象海豹。上图：毛利人称黄眼企鹅为"大喊大叫的家伙"（hoiho），意思是这些极为罕见的动物喜欢扯开嗓子大喊大叫，以吸引人们的注意。

洛克群岛南方潟湖
联合国教科文组织世界遗产

从高空俯瞰，洛克群岛就像碧蓝海水中的一块长满青苔的岩石。在这里，人们可以看到鹦鹉螺（最下小图）和雀鲷（最右图）等著名的海洋生物。

一条长长的黑影在碧绿的海水中若隐若现，大似鲸鲨，又似虎鲸，但却一动不动，再仔细端详一番就会发现，它还披着一层珊瑚皮，珊瑚皮下则是锈迹斑斑的铁皮——这个黑影只不过是一架日本战斗机的残骸罢了。在南太平洋的帕劳群岛上，这样的发现屡见不鲜。这个地方远观似天堂，背后却隐藏着一段动荡的历史。第二次世界大战期间，日

本人和美国人曾经在这里激烈交战，不仅留下了飞机残骸，还留下了布满杂草的坦克、吉普车和碉堡。除此之外，这300多个无人居住的小岛还深受潜水爱好者的喜爱，因为水下世界尤为壮观。

基本情况

位置： 位于帕劳，太平洋上的巴伯尔达奥布岛以南，在科罗尔市和佩莱利乌岛之间

面积： 1000 平方千米

2012 年被列入联合国教科文组织《世界遗产名录》

马罗沃潟湖

　　马罗沃潟湖北面与新乔治亚岛接壤，南面是加杜凯岛（也称恩加托卡埃岛——译者注）和旺乌努岛，即世界上最大的咸水潟湖的东沿。在这颗大自然的明珠上，镶嵌着无数小岛。尤其是水下世界更为生机勃勃，石珊瑚的珊瑚虫在太平洋的水波里轻轻摇荡，而在石珊瑚的石灰岩骨架间，有鹦嘴鱼和小丑鱼窜来窜去。甲壳动物、海绵动物和海参也在这里繁衍生息。当然，这里还会闪过掠食者的身影，人们能在这里遇到行动敏捷的礁鲨，以及威风凛凛的鳐鱼。

基本情况

位置： 位于南太平洋上的所罗门群岛，在巴布亚新几内亚东部、澳大利亚东北部和旺乌努岛北部

面积： 700 平方千米

大图：乌贼在吞食砗磲。右侧小图（左上开始，顺时针）：钵水母、鳃棘鲈（东星斑）、珊瑚葵、红点动齿鳚、砗磲、奶嘴海葵、寄居蟹、佩德森清洁虾。

伦吉拉环礁

土阿莫土群岛由 70 多座环礁组成，呈两条链状排列，长约 1500 千米，其所占海域面积相当于中欧的大小。伦吉拉环礁是土阿莫土群岛中最大的环礁，它的名字可意译为"广阔的天空"。这一名称可谓名副其实，因为这里有一座面积为 1446 平方千米的潟湖，潟湖周围还环绕着 240 个环礁岛。与群岛中的大多数环礁一样，伦吉拉环礁只比海平面高出几米。但这个潟湖却为游客提供了近距离接触南太平洋水下世界的绝佳机会，人们甚至不需要借助潜水装备就能获得一种特别的体验。这里的沙滩风景如画，在附近平坦的滨水区，还能发现性情温顺的礁鲨。

基本情况

位置： 位于南太平洋，在塔希提岛东北方向，是法属波利尼西亚的土阿莫土群岛的一部分

面积： 79 平方千米（陆地面积），1446 平方千米（潟湖面积）

人们想象中的南太平洋天堂是这样的：白色的沙滩、碧海蓝天和绿色的棕榈树。土阿莫土群岛的小岛就非常接近这种想象。

潟湖生机勃勃。人们通常认为鲨鱼是"独行侠"，而小鱼则成群出现，能在大群中得到庇护。左图：一群长有条纹的马夫鱼（又叫举旗仔），其名源自其长长的头鳍，看起来就像一面小旗子。

非洲

非洲不仅是人类的摇篮，还是一片地形多样的大陆——广袤的沙漠、热带稀树草原、雨林、山林、高原、山脉、断层地垒、河流和湖泊景观。在撒哈拉沙漠和埃塞俄比亚高原之间，以及纳米布沙漠和德拉肯斯山脉之间，分布着 350 余个国家公园和自然保护区，人们尽可能地探索当地的动植物。在这里，长途旅行就是荒野之旅的代名词。在著名的克鲁格国家公园，人们甚至还能遇到所谓的"五人野生动物"：大象、犀牛、水牛、狮子和花豹。

只有用数据说话，人们才能真正了解非洲象的气势：它重达 5 吨，高近 4 米。此外，它的象牙长达 3 米，重达 90 千克。

阿杰尔高原国家公园
联合国教科文组织生物圈保护区 │ 联合国教科文组织世界遗产

数千年前，生活在阿尔及利亚东南部塔西利（法语"tassili"，指撒哈拉沙漠中的砂岩高原——译者注）沙漠的古人给后世留下了无数的遗迹，有些是陶瓷残骸，但最重要的遗迹，则是那些描绘着日常生活和动物形象的岩画和洞穴壁画。大约1万年前，这片地区仍生活着可供狩猎的野生动物，尚有可供采集的

水果，以及可供灌溉农田使用的充足水源。然而，沙漠逐渐被干旱笼罩，人们不得不背井离乡。其他物种则设法抵御住了这一变化：这里不仅有28种当地的典型植物，还有多加瞪羚、鬣羊等哺乳动物。因此，阿杰尔高原既是世界文化遗产，也是世界自然遗产。内有壁画的洞穴就位于这座巨大的国家公园里。

阿杰尔高原广袤的岩石高原不禁令人联想到月球上的风景，这里有怪异的砂岩地貌、干涸的河床和深邃的峡谷。

阿杰尔高原的地貌颇具特点，这里有许多巨大的岩石拱门、数不尽的沙丘，还耸立着大量陡峭的受到风化侵蚀的砂岩塔。

基本情况

位置： 位于阿尔及利亚东南部的伊利济省

面积： 8 万平方千米

成立时间： 1972 年

1986 年被认定为联合国教科文组织生物圈保护区

1982 年被列入联合国教科文组织《世界遗产名录》

西迪托乌伊国家公园

　　西迪托乌伊国家公园坐落在距利比亚边境仅 20 千米的地方。它完全被撒哈拉沙漠所环绕，园内以草原和沙丘为主。公园里的珍稀动植物必须适应气温的大幅波动：这里的温度从 5℃ 到 40℃ 不等。公园内唯一的水源主要供鸟类使用，包括一些候鸟以及翎颌鸨、北非石鸡和乳色走鸻等留鸟。公园里还生活着多种受保护的哺乳动物，如剑羚、金豺和耳廓狐，以及爬行动物，如刺尾蜥、变色龙、游蛇、荒漠巨蜥和壁虎。

基本情况

位置： 位于突尼斯东南部本加尔丹地区

面积： 63 平方千米

成立时间： 1991 年

弯角剑羚虽然在野外几乎已经灭绝，
但却是动物园中最常见的羚羊之一。

左图：耳廓狐——也叫沙漠之狐——是所有犬科动物中体形最小的一种。但它的耳朵却大得很显眼，具有调节体温的功能。上页左侧小图：翎颌鸨、乳色走鸻、北非石鸡；上方右侧小图：壁虎和荒漠巨蜥。

奥巴里沙漠和乌姆马湖

在利比亚西南部奥巴里沙漠的无垠沙海中，一连串湖泊提醒着我们：大约在 10 万年前，这片地区绝非沙漠，而是一块水草丰美的沃土。如今，昔日丰沛的水源虽仅留下遗迹，却呈现出一幅近乎神奇的画面——乌姆马湖的水面就像泛红的金色沙丘间的一片海市蜃楼。这个被称为"水之母"的湖泊长数百米，宽约 50 米，深近 10 米。令人费解的是，为什么随着周围沙丘上的沙子不断散落进盐度很高的湖水中，湖水却不会淤塞呢？在乌姆马湖和曼达拉湖群周围，芦苇荡和成片的棕榈树为各种各样的动物提供了栖息地。

基本情况

位置： 位于利比亚西南部的瓦迪哈耶特省首府奥巴里

面积： 5.8 万平方千米

如果有人认为沙漠就是单调乏味的，那么他一定不知道利比亚西南部有一座宏伟的奥巴里沙漠。在这片沙海中，你不仅会偶遇这样或那样的动物"居民"，甚至还会发现湖泊。

左图中是真正的伊甸园：当深蓝色的乌姆马湖连同绿色的棕榈树出现在一片本应是不毛之地的沙漠中时，人们一开始简直都不敢相信自己的眼睛。在湖岸边，还生活着漠百灵、沙鼠和各种各样的飞蜥（上方小图，自上而下）。

穆罕默德角国家公园

西奈半岛的面积约为6万平方千米，是亚洲和非洲的枢纽。半岛南端坐落着穆罕默德角国家公园，包括约480平方千米的陆地和海洋。该公园还包括沙姆沙伊赫的沿海地带：就在上一代人以前，这里还是一个不起眼的渔村。而现在，这个离西奈半岛南端不远的地方已经成为备受游泳和潜水度假者追捧的

度假胜地。水下世界当然令人陶醉，仅仅是在海岸附近浮潜就已是不错的体验。而在陆地上，穆罕默德角国家公园则显得有些荒凉而贫瘠，只有少数植物在沙丘和碎石堆中生存，但其中竟然有喜水的红树林，它们已经在这里深深地扎下了根。此外，公园里还栖息着数百种鸟类。

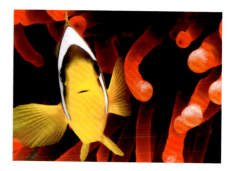

当人们谈到红海时，潜水和浮潜爱好者的眼睛都会一亮——任何曾经在这里见识过色彩斑斓的单斑笛鲷的人，都会对此深有体会。

不过，尽管色彩斑斓，人们还是要多加小心。因为如果过于密集地接触侏儒狮子鱼和红狮子鱼等有毒动物，潜水之旅可能会很快以痛苦收场。

基本情况

位置：位于埃及西奈半岛南端
面积：480 平方千米
成立时间：1983 年

W- 阿尔利 – 彭贾里国家公园
联合国教科文组织生物圈保护区 ｜ 联合国教科文组织世界遗产

W- 阿尔利 – 彭贾里国家公园是由多个自然保护区组成的独一无二的跨境联合体，横跨贝宁、布基纳法索和尼日尔。此处植被带不同，既有草原、灌木林地，也有树木繁茂的森林，为各种动物提供了栖身之所，其中包括在西非其他地区濒临灭绝或早已消失的动物。例如，这里不仅生活着西非大象的最大种

群，而且现存近 90% 的西非大象也生活在这里。其他大型哺乳动物，如猎豹、花豹、河马和海牛都在此处安家。

尼日尔河是这里重要的生命源泉之一。它流经 W- 阿尔利 – 彭贾里国家公园的整片地域。

基本情况

位置: 位于西非南部地区，确切来讲是贝宁北部、布基纳法索东南部和尼日尔西南部地区

面积: 3.1 万平方千米

成立时间: 1954 年

2017 年被列入联合国教科文组织《世界遗产名录》

这里是许多猴类动物的家园，包括黑猩猩、赤猴、狒狒。就像那些濒临灭绝的西非人象一样，它们在这片树木繁茂的大草原上生活得怡然自得。

恩内迪高原
联合国教科文组织世界遗产

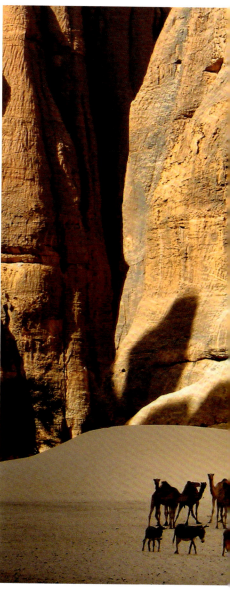

在撒哈拉沙漠中，没有哪个地方像恩内迪－提贝斯提这样，如此契合"迷失的世界"这一概念，游牧民族称这里为"饥饿之地"。恩内迪的砂岩高原与地球上的其他地方相距甚远，以至于这里生活着最奇特的动物——例如体形较小的鳄鱼，由于数千年的与世隔绝，它们仿佛患上了侏儒症。现在这里只有极少

数体形很小的鳄鱼，它们是同类中最后的幸存者，仿佛进化过程中的畸形儿一般，顽强地生活在水边。想当初，这片大沙漠的部分地区还是肥沃的土地，河流和沼泽纵横交错时，鳄鱼随处可见。撒哈拉沙漠中仅存的狮子也生活在恩内迪，但它们很快就会像1.2万年前用长长的犬齿撕咬猎物的剑齿虎一样灭绝。

位于乍得东北部地区的盖尔塔·达尔谢绿洲，是撒哈拉沙漠中著名的水源地。在这里饮水解渴的不仅有那些沙漠中的居民，还有鳄鱼。

基本情况

位置： 位于乍得东北部的西恩内迪区和东恩内迪区

面积： 4 万平方千米

2016 年被列入联合国教科文组织《世界遗产名录》

用与世隔绝来形容盖尔塔·达尔谢绿洲一点也不夸张。从乍得首都恩贾梅纳出发，预计行程至少需要 4 天。

博马国家公园

博马国家公园的地形以热带稀树草原和泛滥平原为主，是珍稀野生动物和本地特有野生动物的重要保护区。该公园的标志性动物是以青草和水生植物为食的白耳赤水羚，其他珍稀羚羊类动物还包括转角牛羚和蒙加拉美羚。此外，还有水牛、大象、长颈鹿、大角驴羚和斑马。食肉动物包括狮子、花豹，以及在苏丹几乎绝迹的猎豹。与在塞伦盖蒂一样，大批野生动物会从苏德地区迁徙到博马国家公园，然后离开这里前往沼泽地区，每年两次。在南苏丹内战期间，该公园曾是战区，也是人们野味食物的来源。

基本情况

位置： 位于南苏丹的东部地区，靠近埃塞俄比亚边境
面积： 2.28 万平方千米
成立时间： 1986 年

南苏丹内战期间，许多动物逃到了隔壁的甘贝拉国家公园，现在它们才慢慢重归故里。博马国家公园里还有胆小的大角驴羚。

左图：博马国家公园中的一大群水牛。建立这座国家公园也是为了保护它们。

乍得盆地国家公园

从干旱区到半干旱区，再到湿润区，即从非常干燥的地区到非常潮湿的地区，乍得盆地国家公园的占地面积足足有 2258 平方千米，由欣古尔米 - 杜古马区、布拉图哈区和巴德 - 恩古鲁湿地区组成。这三片区域中面积最大的是欣古尔米 - 杜古马区，它是一块森林综合体，生长着茂密的紫叶狼尾草，面积达 1228 平方千米，与喀麦隆的瓦扎国家公园接壤；布拉图哈区拥有迷人的沙丘和绿洲般的泥泞谷地，不禁让人联想到沙漠，这是尼日利亚特有的景色；恩古鲁湖周围的巴德 - 恩古鲁湿地区是《国际重要湿地名录》中的哈代贾 - 恩古鲁 - 巴德湿地保护区的一部分，其中达贡纳水禽保护区是乍得盆地国家公园的中心。

基本情况

位置：位于尼日利亚东北部的萨赫勒地区，约贝州和博尔诺州之间
面积：2258 平方千米
成立时间：1991 年

红嘴奎利亚雀繁衍生息的群落很大，
能包含数百万个鸟巢。在炎热的正午，
庞大的鸟群常常聚集在一起休息。

北半球的候鸟在迁徙到热带非洲的
途中，会在乍得盆地的潮湿稀树草原歇
脚和过冬。上图：黑冕鹤、蓑羽鹤和盔
珠鸡。左图：盔珠鸡和蓑羽鹤。

克罗斯河国家公园

鬼狒是在克罗斯河国家公园东北部发现的灵长类动物之一。它主要用锋利的犬齿示威。

克罗斯河国家公园是由 3 个森林区合并而成的大型自然保护区。克罗斯河发源于此地的多岩地带，多岩地带逐渐演变成以森林为主的梯度地带。如今，克罗斯河国家公园由 2 个保护区组成，即奥班区和奥克旺沃区。研究人员发现，这里平原雨林形成的历史可以追溯到 6000 万年前。动植物资源十分丰富：此处生活着 119 种哺乳动物、49 种鱼类、约 950 种蝴蝶、1568 种维管植物以及大量蕨类植物和兰花，形成了独特的生物多样性。这片自然保护区连同邻国喀麦隆的国家公园，一起构成了生物多样性热点地区。

基本情况

位置: 位于尼日利亚东南部的克罗斯河州
面积: 4000 平方千米
成立时间: 1991 年

人们在这里发现了至少75种鸟类，鉴别出超过282种鸟类，其中包括东非冠珠鸡、非洲灰鹦鹉和食蝠鸢。

奥班区

在上一个冰河期，奥班丘陵是为数不多保存了低地雨林的地区之一。如今，它已成为国际公认的自然保护区，在物种多样性和特有性方面具有极高价值，尤其是对于灵长目动物、两栖动物、蝴蝶、鱼类和小型哺乳动物而言。尼日利亚－喀麦隆黑猩猩等珍稀物种，以及山魈、花豹、非洲森林象和鳄鱼也都生活在这里。这座保护区是尼日利亚红疣猴和冠毛长尾猴唯一的栖息地。奥班丘陵与位于喀麦隆西部的科鲁普国家公园接壤，狩猎和非法伐木对这片地区的生态环境产生了威胁。此外，未来可能修建一条穿越克罗斯河州的主要交通干道，人们担心这也会带来意想不到的后果。

安德烈费利克斯国家公园

安德烈费利克斯国家公园以山丘和稀树草原为特色，早在 1960 年，即中非共和国独立前不久，它便成立了，是该国的第一座国家公园。邦戈山是洛尔河等河流的发源地，而洛尔河已经属于尼罗河流域了。园内最高峰的海拔为1130 米。国家公园周围有一片很大的

缓冲地区——亚塔 – 恩加亚自然保护区，其面积几乎相当于该国家公园面积的 4倍。这里的动物是典型的稀树草原动物，长颈鹿、水牛、各种各样的羚羊和大象等食草动物在这里觅食。狮子和花豹在追逐捕食食草动物，河马和鳄鱼在河中栖息。此处还有数百种鸟类。

基本情况

位置： 北面与苏丹接壤，与拉多姆国家公园共同构成了一片跨境自然保护区

面积： 1700 平方千米

成立时间： 1960 年

在这座国家公园的稀树草原上，黑犀在漫步觅食。联合国教科文组织授予这座国家公园世界遗产的称号，因为它拥有这个国家最丰富的动物群落。

马诺沃－贡达圣弗洛里斯国家公园
联合国教科文组织世界遗产

事实上，马诺沃－贡达圣弗洛里斯国家公园为多样化的动植物提供了理想的生存条件，这里的栖息地从北部的草原到南部的长廊森林，不一而足。据说，早在40年前，这里还生活着大约10万头大象。但由于政治局势动荡，偷猎者不断越过保护区边界，导致在2006年

的航拍中，只发现了约500头大象。过去40年，大象的数量锐减到不足原有数量的1/100。其他野生动物，如黑犀、瞪羚和羚羊等，也面临着极高的被捕猎风险。据估计，占总量80%的原有野生动物已经消失了。

基本情况

位置： 位于中非共和国北部地区
面积： 1.74万平方千米
成立时间： 1979年
1988年被列入联合国教科文组织《世界遗产名录》

马伊科国家公园

这片雨林是刚果民主共和国降雨量最大的地区之一。由于海拔高达 1300米，马伊科国家公园属于非洲山地森林，这是云雾森林的一种特殊形式。由于处在人迹罕至之地，这里仍然是许多受保护动物和本地特有动物的家园，其中最著名的当属稀有东非低地大猩猩，但霍加狓和非洲森林象也在这里找到了算得

上安静祥和的家园。这里还生活着一种本地特有物种——水獴（刚果水灵猫），它是灵猫科动物中最稀有的成员之一。

基本情况

位置： 位于刚果民主共和国东部地区
面积： 10830 平方千米
成立时间： 1970 年

上页左侧小图：塞内加尔鹦鹉、黑冠白睑猴、东非低地大猩猩、霍加狓；
大图：一只雄性东非低地大猩猩。

卡胡兹 – 别加国家公园
联合国教科文组织世界遗产

自左上小图起，顺时针方向分别为：东非狒狒、东非低地大猩猩、食卵蛇、伊图里变色龙、花金龟、非洲树蛙、巨型三角变色龙、大湖树蝰。

大图：大湖树蝰。这种蛇的平均长度为 45 ~ 75 厘米，毒液对人类很危险，但被咬伤的情况极为罕见。

位于刚果民主共和国东部、基伍湖以西约 100 千米处的卡胡兹－别加国家公园，与维龙加国家公园一样，都主要是为了保护大猩猩而建立的——但不是山地大猩猩，而是东非低地大猩猩。这些魁梧的类人猿代表以小群体的形式生活在海拔 2100 ~ 2400 米的地区。这些"温柔的巨人"是素食主义者，寿命可达

40 岁。年长的雄性背上长着银灰色的毛发。它们通过直起身、捶胸怒吼来恐吓对手。位于两座死火山阴影下的保护区内还生活着其他灵长目动物，包括黑猩猩。除了它们的天敌花豹，这里也栖息着大象、水牛和诸多其他动物。

平坦的竹林后面，矗立着死寂已久的卡胡兹火山那海拔 3300 米的锥形山体。

基本情况

位置： 位于刚果民主共和国最东部地区，毗邻卢旺达边境，靠近基伍湖西岸

面积： 6000 平方千米

成立时间： 1970 年
1980 年被列入联合国教科文组织《世界遗产名录》

达纳基勒沙漠

达纳基勒沙漠的火山岩、淡黄色的盐类沉积物和硫酸盐沉积物，以及奇特的盐湖都颇具特色，这里海拔最低处要比海平面低 100 多米。数百万年前，海洋在这里留下了厚厚的盐类沉积物，这

些盐层受到挤压后变成了棱角锋利的岩石。它们在这里静静等待，习惯了艰苦生活的游牧民族阿法尔人，会用骆驼把这种矿物质运给渴望得到它们的人。这里仿佛一座大熔炉，温度可高达 50℃以上，能让一切生命窒息。

达纳基勒沙漠：地面以上是超现实主义的景象，地层以下则是活跃沸腾的。

基本情况

位置： 位于红海沿岸，厄立特里亚、埃塞俄比亚和吉布提交界处的阿法尔三角地区

面积： 13.6956 万平方千米

达洛尔火山

达洛尔火山最后一次喷发是在 1926 年，然而盐类物质已经掩盖了火山喷发的所有痕迹。无论是在陆地上还是在空气中，盐都扮演着重要的角色，在户外，它会迅速催化着所有物质生锈。海洋底部因断层地堑伴随着火山活动掀起并撕开，如今海水干涸，曾经的海底呈现出宛如月球表面的景色，布满了坑坑洼洼、不断涌着烟雾的火山口，其表层土壤受到大地的震动反复摇晃。在阿法尔语中，达洛尔的意思是"有去无回的地方"，因为在这里游历的人总是失踪。充满酸性物质的盆地上覆盖着薄薄的矿层，穿透这层矿层是十分危险的举动。

在这里，地球呈现出一种异乎寻常的外星景色。这里如由盐碱高塔、城垛和奇形怪状的物体组成的迷宫，盐碱峡谷覆盖了这片地热活跃地区的边缘地带。

尔塔阿雷火山

达纳基勒沙漠中的尔塔阿雷火山海拔 613 米，是一座"小矮了"火山。但其地理位置注定让它成为一座特别活跃的火山。火山耸立于尔非大裂谷的地质构造线

上，也位于东非大裂谷和红海断层带的交汇处。在火山口内，炽热的熔岩形成了一座湖，湖面反复凝固成一层盖子般薄薄的地壳。炽热发光的岩浆从地球内部涌上来，在其压力的作用下，这层地壳会定期裂开。随后，红色的熔岩再次喷出，凝固的碎片漂浮其上。熔岩填满火山口的程度各不相同，有时只形成一个相对较小的湖，有时则会溢满。

黄昏和夜晚时分，这个大小为 1800 米乘以 800 米的火山口里上演的自然奇观十分引人入胜。

酷热难耐，空气中弥漫着有毒的蒸汽和恶心的气味——尽管如此，火山地貌仍然是地球上最迷人的地貌之一。

塞米恩国家公园
联合国教科文组织世界遗产

塞米恩山脉是 4000 万年前火山活动的产物，后经侵蚀作用而形成，是当今世界最令人难忘的景色之一。海拔 4500 米左右的山峰、水流湍急的玄武岩峡谷、嶙峋的山岩和悬崖以及深达 1500 米的深渊，塑造了这座国家公园的独特魅力。登上海拔 4620 米的拉斯达什恩峰可以俯瞰这一切，这是埃塞俄比亚的最高峰，1841 年欧洲人首次登上这座山峰。以塞米恩山脉命名的国家公园，为一些珍稀动物提供了避风港。其中包括狮尾狒、塞米恩红狐和瓦利亚野山羊。当狐狸和山羊的数量锐减到濒危的程度时，这座国家公园终于在 1996 年被联合国教科文组织列入《濒危世界遗产名录》。

基本情况

位置：位于埃塞俄比亚阿姆哈拉州
面积：412 平方千米
成立时间：1966 年
1978 年被列入联合国教科文组织《世界遗产名录》

如何形容塞米恩国家公园的自然风光？"壮观"这个词几乎只能算是轻描淡写。在这里，埃塞俄比亚的最高峰，海拔超过 4500 米的拉斯达什恩峰直插云霄，美不胜收。

塞米恩国家公园内栖息着瓦利亚野山羊、埃塞俄比亚狼和狮尾狒（上图）。一只瓦利亚野山羊（左图）俯瞰着孤独的风景，一片多姿多彩的植物世界就在这宁静的土地上不断发展壮大。

鲁文佐里山国家公园
联合国教科文组织世界遗产

鲁文佐里山中的山林和沼泽为大象、花豹和蹄兔等许多濒危动物提供了栖息之地。山脉的最高峰是斯坦利山的玛格丽塔峰，海拔 5109 米。在海拔较高的山林中，有许多不同寻常的植物，通常只有 30 厘米高的半边莲，在这里能长到 7 米高。在有遮挡的地方，还能看到超过 10 米高的蕨类植物，有些欧石南还和树一样高。这种巨型植物的生长得益于当地矿物质丰富的土壤、恒定的温度和较高的空气湿度。此外，当地常见的厚云层也减少了强紫外线的辐射。

基本情况

位置：位于乌干达西南部
面积：996 平方千米
成立时间：1991 年
1994 年被列入联合国教科文组织
《世界遗产名录》

鲁文佐里山脉经常被云雾笼罩，因此发现它的时间相对较晚。一支又一支探险队只是不断经过，却未曾发现它的存在。

这片迷人的风景神秘而奇特，郁郁葱葱、宏伟壮观的景致把人们吸引到了一片完全不同的天地。

马赛马拉国家公园

　　要欣赏马赛马拉国家公园的景致，必须站得足够高：坐在飞机上，更理想的是乘热气球从高空俯瞰。热气球之旅需要一早就启程，因为肯尼亚南部热带稀树草原的热气流只允许热气球在黎明时分飞行。当热气球悄然飘离大地，即使身处热气球的篮子里，所有乘客也会被眼前的景色所震撼而凝神屏息：一望无际的荒野，马拉河像一条窄窄的棕色缎带在上面蜿蜒流过，这是一个生活着成千上万野生动物的世界，有大象、豹子、鬣狗和野狗，还有牛羚和瞪羚。人们能认出河马庞大的身躯，它们看上去就像会动的漂砾；或许还能认出耐心潜伏的鳄鱼，不过那也许只是树干。你还能看到狮群和成群的秃鹫，以及大草原上的垃圾清理工——非洲秃鹳。

动物王国中最壮观的场面莫过于东非一年一度的牛羚大迁徙了。雨季时，它们在坦桑尼亚的塞伦盖蒂大草原上吃草。初夏雨季结束时，土地干涸，牛羚便向北迁徙，朝肯尼亚的马赛马拉前进。它们需要穿越马拉河：成群结队的牛羚冲入水中，希望能完好无损地游达对岸。

吃与被吃：成千上万的牛羚穿过马拉河，就为到达对岸肥沃的大草原。渡河往往是一件棘手的事情，因为鳄鱼就潜伏在水中，专挑幼小、生病、虚弱的动物下嘴。

肯尼亚山国家公园
联合国教科文组织世界遗产

　　1849 年，虔信派传教士约翰·路德维希·克拉普夫从东非深处探险归来，讲述了一些匪夷所思的事情：在赤道附近，有一座高得离谱的山，山顶上总是覆盖着冰雪。尽管没有人质疑这位神职人员言语的真实性，但是仍然没有人相信他。赤道附近有雪？热带地区有冰川？这是多么荒谬的想法！人们告诉克拉普夫，他一定是被自己的感官"欺骗"了。直到他去世两年后，1883 年，一支英国探险队才证实了他的描述。

基本情况

位置：位于肯尼亚中部，赤道以南约 16.5 千米，内罗毕东北方向约 150 千米

面积：715 平方千米

成立时间：1949 年，2013 年扩建 1978 年被列入联合国教科文组织《世界遗产名录》

肯尼亚山的海拔为 5199 米，完全被冰川覆盖。实际上，这座仅次于乞力马扎罗山的非洲第二高峰，今天应该以其发现者的名字命名为克拉普夫山。

从平原到肯尼亚山的山顶地区，分布着 5 个植被带，足以形成一个独特的动植物世界。

乞力马扎罗山国家公园
联合国教科文组织世界遗产

　　乞力马扎罗山的海拔为 5895 米，是乞力马扎罗国家公园的一部分，与东非的绝大多数山脉一样，乞力马扎罗山也是火山活动的产物。乞力马扎罗山从平原上拔地而起 4000 米，看上去比阿尔卑斯山或喜马拉雅山等一些高峰还要雄伟壮观、难以征服。由于地处赤道稍南处，乞力马扎罗山的植被分布具有明显特点，同

赤道到极地冰盖的植被水平分布形式基本一致。从热带稀树草原逐渐过渡到茂密的热带雨林，再变为稀疏的高山云雾林。在海拔 3000 米左右的地方，景色会出现一些变化：童话般的多石地形，生长着娇嫩的半边莲。在海拔约 4500 米处，远古时期熔岩流的痕迹清晰可见。最后便是基博峰，这里是永久冰封的世界。

基本情况

位置： 位于坦桑尼亚的阿鲁沙和肯尼亚边界之间，包含了乞力马扎罗山脉的多座高峰

面积： 1688 平方千米

成立时间： 1973 年

1987 年被列入联合国教科文组织《世界遗产名录》

乞力马扎罗山从各个角度看都不一样，但不变的是其磅礴的气势。这主要是因为乞力马扎罗山总是被云层环绕，这些云彩似乎想要更加凸显它的伟岸。

从正面望去，山顶平地的构成清晰可见。攀登的过程虽然累人，但难度相对较低。

卡塔维国家公园

在坦桑尼亚西南部，只有少数游客会迷失方向。作为该国第三大国家公园，卡塔维国家公园充满了探险的氛围，其中壮丽的荒野会让人联想到在非洲游猎的冒险之旅。只有在旱季，豪华的帐篷营地才能为游客提供舒适的环境。公园因同名湖泊而得名，只有在雨季，水量才很充沛。不过，建议你还是在6—10月的旱季前往游览。这个时节，卡图马河是唯一漫长且宽阔的水域，吸引着各种各样的野生动物。且不说有成群的水牛、大象和斑马，还有数以百计有趣的河马，当它们同时争夺最后几处饮水区时，便可以欣赏到一出独特的奇观。

基本情况

位置： 位于坦桑尼亚西南部，坦噶尼喀湖东部，鲁夸湖北部
面积： 4471 平方千米
成立时间： 1974 年

只有俯瞰卡图马河，我们才能真正意识到，当卡塔维国家公园里的其他湖泊和河流在旱季干涸后，会有多少河马在卡图马河里嬉戏。

这是河马的沐浴时间，它们会在旱季时聚集于此，紧紧簇拥，确保所有成员都能在清凉的河水中拥有一席之地。

萨哈马拉扎 – 拉达马群岛自然保护区
联合国教科文组织生物圈保护区

　　萨哈马拉扎 – 拉达马群岛自然保护区的总面积为 260 平方千米，其中一半位于水面以下，主要由珊瑚礁组成。在萨哈马拉扎半岛和拉达马群岛周围，登记在册的动物有 200 多种珊瑚和无脊椎动物、20 多种海参以及 170 种鱼类。此外，拉尼亚和安卡卡贝的珊瑚礁还为海龟提供了栖息地，它们会在努西瓦岛的海滩产卵。沿着 30 千米的海湾分布的红树林，以及西海岸最后一片干爽的海岸森林，将该自然保护区的陆地部分分割开来。萨哈马拉扎半岛有着陡峭的山坡（安基斯基山丘上的陡坡可达 400 米高）和许多小河，这里的森林逐渐稀疏，形成了两片区域：南部的阿纳拉沃里森林和北部的安宾达森林。

基本情况

位置： 位于马达加斯加西北海岸，贝岛以南约 100 千米，阿纳拉拉瓦市以北约 80 千米

面积： 260 平方千米

2001 年被认定为联合国教科文组织生物圈保护区

该自然保护区的一半区域由珊瑚礁组成，是扁形动物和海绵动物等生物的家园。

从贝岛或阿纳拉拉瓦市出发，你可以乘船进入这片生物圈保护区，欣赏这令人惊叹的海底珊瑚世界。

安德林吉特拉国家公园
联合国教科文组织世界遗产

自 1927 年起，该地区就已经成为自然保护区，但直到 1999 年才成为国家公园。它位于安德林吉特拉山脉，这里的布比峰是马达加斯加岛的第二高峰，海拔约为 2700 米。在面积为 311 平方千米的保护区内，有两处巨型瀑布，至今仍被当地人视为圣地。相传，一对无子嗣的马达加斯加国王和王后曾在这里

找到了灵丹妙药。他们在瀑布中沐浴后，生下了健康的后代。自然保护区内物种繁多，据统计有 1000 多种植物，其中包括棒槌树和芦荟，盛开的花朵吸引了许多游客。至于动物，则以环尾狐猴而闻名，鸟类学家则对相思鸟和钩嘴鹛情有独钟。

基本情况

位置： 位于马达加斯加东南部的上马齐亚特拉区
面积： 311 平方千米
成立时间： 1999 年
2007 年被列入联合国教科文组织《世界遗产名录》

安德林吉特拉山是该国家公园内一条长达 100 千米的火山山脉。在花岗岩之下，人们能在河床中找到美丽的变质岩，主要是片麻岩。

黥基·德·贝马拉哈国家公园

联合国教科文组织世界遗产

黥基·德·贝马拉哈国家公园
联合国教科文组织世界遗产

大自然偶尔也会构建自己的宏伟教堂。它的登峰造极之作，便坐落在马达加斯加西部，这是天然的艺术瑰宝，由成千上万的石灰岩塔组成，足以令所有哥特式大教堂都相形见绌。这些纤细的岩塔矗立在黥基·德·贝马拉哈自然保护区内，高达100米，直冲云霄，被原始森林环绕，沙沙作响，在世界上绝

对堪称独一无二。当地人称这片奇景为"尖石森林"，这里还是无数珍稀动物的家园。1990年，联合国教科文组织将其列入《世界遗产名录》，但直到1997年，这片地区才被宣布为国家公园。在此之前，它是黥基·德·贝马拉哈自然保护区的一部分。这里的动植物世界宛如伊甸园，650种植物中有86%是当地特有的。

基本情况

位置: 靠近马达加斯加西部边境，位于马哈赞加省，安察卢瓦区
面积: 723平方千米（国家公园面积）
成立时间: 1927年
1990年被列入联合国教科文组织《世界遗产名录》

这片自然保护区分为两部分，占地总面积达 1575 平方千米。其南部就是国家公园，矗立着锋利的石灰岩石林。只有狐猴能够在其中健步如飞。

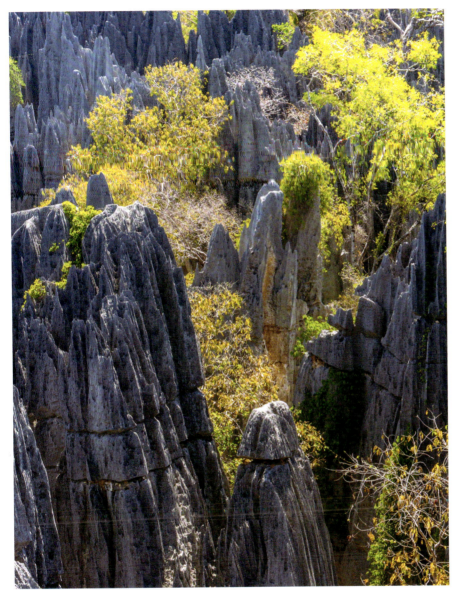

黥基·德·贝马拉哈国家公园最令人印象深刻的，莫过于其独特的喀斯特地貌。蝙蝠（左一图）和大马岛鹃（左二图）在极具特点的岩石地貌上盘旋。

石灰岩高原上的石灰岩石林一直延伸到地平线，形成了一片壮丽的风景。与之毗邻的是陡峭突兀的贝马拉哈悬崖，它高出马南布卢河谷近 400 米。

阿尔达布拉环礁
联合国教科文组织世界遗产

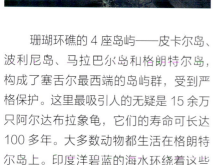

珊瑚环礁的 4 座岛屿——皮卡尔岛、波利尼岛、马拉巴尔岛和格朗特尔岛，构成了塞舌尔最西端的岛屿群，受到严格保护。这里最吸引人的无疑是 15 余万只阿尔达布拉象龟，它们的寿命可长达 100 多年。大多数动物都生活在格朗特尔岛上。印度洋碧蓝的海水环绕着这些几乎无人居住的小岛，完全符合我们对梦之岛的想象。4 座岛屿环绕着一个浅水潟湖，岛屿周围是珊瑚礁。由于地处偏僻，这里的自然景观没有遭到人类破坏。阿尔达布拉环礁于 1976 年被宣布为自然保护区。这是一个海洋岛屿，其动植物多样性令人惊叹，是许多海鸟的筑巢地。

基本情况

位置：位于印度洋，马达加斯加以北 360 千米

陆地面积：155 平方千米

潟湖面积：224 平方千米

1976 年被宣布为自然保护区

1982 年被列入联合国教科文组织《世界遗产名录》

奇妙无比的动物世界：椰子蟹（大图），小图从左上开始，按顺时针依次为狐蝠、黑腹军舰鸟、寄居蟹、不会飞的白喉秧鸡、红石蟹和蛇眼石龙子。

阿尔达布拉环礁几年前才对外开放，供游客探险和旅游。但即使在今天，也只有少数人能有幸进入这片岛屿群，这使得水上和水下独特的动植物世界得以很好地保存下来。例如，只有在这里才能看到这种罕见的蘑菇珊瑚（左图）。

拉迪格岛

大图中的格朗当斯是拉迪格岛上的一片原始海滩，其梦幻般的景色使其成为独一无二的存在。不过，这里没有近海礁石的保护，因此面对辽阔的大海毫无招架之力。

这座小岛的面积约为 10 平方千米，只能乘船前往。它的别名叫"红岛"，得名于海湾中高达 300 米的红色花岗岩。拉迪格岛上有壮丽的白色沙滩，如苏尔斯德银白角和苏尔斯阿让湾，以及波光粼粼的碧海和沙滩之间随处可见的椰子树，这一切都构成了一幅优美画卷，经常被用作广告或时尚摄影的背景。拉迪格岛上没有汽车，人们可以步行、骑行

或乘坐牛车轻松游览这座岛，还可以参观岛上的椰子种植园和香草种植园。瓦沃自然保护区是专门为塞舌尔寿带鸟而设立的，这是世界上最稀有的鸟类之一，只生活在拉迪格岛上。

基本情况

位置： 位于普拉兰岛以东约 6 千米，马埃岛东北方向约 50 千米

面积： 10 平方千米

人口： 2200 人

科科斯岛国家海洋公园

科科斯岛是位于费利西泰岛以北约个千米处的无关迷你岛。这座岛屿连同周围的海域，自 1996 年以来就一直被视为自然保护区。科科斯岛国家海洋公园则由科科斯岛、拉富什岛和普拉特岛 3 个小岛组成，它们均坐落于碧绿的浅海中，周围环绕着大片珊瑚礁。科科斯岛这座花岗岩小岛上生长着美丽的棕榈树，吸引了众多浮潜爱好者从拉迪格岛和普拉兰岛出发，前往这片浮潜胜地。在周围海底大片的珊瑚石上，可以发现许多珊瑚鱼和鳐鱼，还有海鳝和海龟，有时甚至还能偶遇鲸鲨。多年来，为了保护丰富多彩的海底世界，这里不允许船只停泊，不允许游客触碰任何东西，也不能惊扰海洋生物——特别是在潜水和浮潜时。

作为著名旅游目的地的迷你岛屿科科斯岛（上图），是塞舌尔最受欢迎的浮潜地。

基本情况

位置: 与邻近的拉迪格岛、费利西泰岛和姐妹岛都相距不远
面积: 0.018 平方千米
成立时间: 1996 年

留尼汪岛的山峰、冰斗和峭壁
联合国教科文组织世界遗产

马法特火山口是留尼汪岛上与世隔绝的地方。最初居住于此的是一名逃亡到此地的马达加斯加奴隶。他有一个可怕的名字——"马法特"（Mafate），意为"危险的人"，18世纪的大部分时间里，他一直统治着一个由逃亡奴隶组成的集体，这个冰斗也因此得名。3个冰斗中最难到达的那个仍然与世隔绝：内

日峰的火山口西北部95平方千米的区域仍然只能步行或乘坐直升机前往。四周群山环绕，10余座海拔超过2000米的山峰如同一道坚不可摧的保护墙。此处还有100余千米长的徒步路线。在森林、峡谷和山崖之间，有一些小山村，被称作"伊莱"，村民们会热情欢迎来自四面八方的徒步旅行者。自2010年起，马法特火山口与萨拉济火山口、锡拉奥火山口一起被联合国教科文组织列入《世界遗产名录》。

基本情况

位置: 位于印度洋西南部，地处马达加斯加以东800千米

面积: 2512平方千米

2010年被列入联合国教科文组织《世界遗产名录》

马法特火山口是三个火山口中最干燥、最不为人知的一个，这或许是因为只有步行或乘坐直升机才能到达这里。人们可以在这片与世隔绝的大自然中寻得宁静。

纳米布－诺克卢福国家公园

在沙丘脚下，只有在雨量充沛的年份才会形成"弗莱"，即湖泊。降雨充足时，乔彻伯河的水量充沛，足以流到沙丘。

沙丘、荒山、砾石平原和潟湖，都只是纳米布－诺克卢福国家公园众多令人难忘的景观的一部分。这座国家公园将纳米布沙漠作为一件迷人的地貌艺术品展示给世人，其中最壮美的景点包括索苏斯盐沼周围的沙丘、诺克卢福的山地荒野，以及沙漠并不壮丽的一面，比如斯瓦科普蒙德附近的韦尔维奇亚平原。早在1907年，德国殖民政府就建立了这片自然保护区。随着鲸湾港和斯瓦科普蒙德周围的多罗布国家公园的建立，纳米布－诺克卢福与北部的骷髅海岸公园连成一片，与南部毗邻的禁区一起构成了今天的纳米布－骷髅海岸国家公园。

索苏斯盐沼

位于纳米布沙漠中央的索苏斯盐沼被巨大的沙丘包围，几乎从未下过雨。它是由乔彻伯河淤积形成的。据推断，乔彻伯河很久以前可能曾经汇入过50千米之外的大西洋。

死亡谷

索苏斯盐沼不时还有水汇入，而死亡谷的水源则完全被切断了，因为沙丘阻断了河道。当地耳荚金合欢树的骨架已有约500年的历史，在那里悄无声息地见证着乔彻伯河曾经的终点。

基本情况

位置: 位于纳米比亚西部，包括纳米布沙漠的一部分和诺克卢福山脉的一部分

面积: 49768 平方千米

成立时间: 1979 年

埃托沙盆地

埃托沙盆地上生活着 2500 多头大象，它们是生活在由母象和多达 50 头小象组成的大家庭里或由多达 8 头公象组成的单身群体中。无论靠近哪个群体，都要格外小心，绝不能挡在它们迁徙的道路上。大象主要在夜间光顾人工水潭，但在炎热的季节，它们也会在白天成群结队地寻觅清凉之地，这些灰色的庞然大物通过泥浴和喷水给皮肤降温。由于没有天敌，它们常常霸占水潭长达几个小时，而其他动物则不得不"排队"等

候。如果想看大象洗澡，最好去奥利凡茨巴德、奥斯和卡尔克休维尔等水源地。

基本情况

位置：位于纳米比亚北部，包括埃托沙国家公园和卡拉哈里盆地的一部分

面积：4760 平方千米

埃托沙盐沼

相传，母亲们曾为夭折的孩子流下痛苦的泪水，汇成一汪湖水。太阳晒干了湖水，而盐分留了下来。因此，埃托沙盐沼有时也被称为"泪湖"。

埃托沙盐沼是卡拉哈里盆地的一部分，而纳米比亚高原则像一弯新月，从东面和北面将卡拉哈里盆地环绕其中。19世纪中叶，第一批猎人从南非来到埃托沙，他们惊讶地发现，闪闪发光的白色盐壳覆盖的干燥盆地里，物资极其丰富。对于奥万博人来说，这里是重要的食盐供应地，盐是可以交易的。过去，被称为"丛林人"的海科姆人——桑人的分支——也曾在这片地区生活过，他

们既是猎人，也是采集者。他们口中传播着一段关于这片盐沼起源的传说：埃托沙曾经发生过一场残酷的战争，只有女人们幸存了下来。她们因失去孩子而哭泣，眼泪汇满了一整片湖，当湖水干涸时，盐沼就被留下了。如今，盐沼已成为上天对动物们的恩赐。

基本情况

位置: 位于纳米比亚北部，包括埃托沙国家公园和卡拉哈里盆地的一部分

面积: 4760 平方千米

鱼河大峡谷

这怎么可能发生？这些涓涓细流怎么可能在非洲的地球表层凿出如此巨大的峡谷？鱼河可能是纳米比亚最长的河流，从源头到河口长达650千米。但在这里，它只是一条疲惫的小溪，充其量只能汇入几个水潭，水潭里生活着鲶鱼、鲤鱼、鲃鱼和鲈鱼。即使在雨季，河水暴涨成汹涌的洪流，你也不会相信它能从纳米比亚南部的库比斯山脉中冲刷出非洲最大、地球上第二大的峡谷——鱼河大峡谷。鱼河大峡谷长160千米，宽27千米，深达550米。它是大自然的一个巨大裂缝，在它的庇护下，剑羚、豹子、山斑马和其他动物得以在这里繁衍生息。

穿越鱼河大峡谷的小路，沿着鱼河，在高高的岩壁间蜿蜒而行。小路尽头的埃－埃斯温泉浴场让人流连忘返。

莫西奥图尼亚国家公园
联合国教科文组织世界遗产

在大约 20 千米外，就能看到一团高达 300 米的水雾——这就是巨大的维多利亚瀑布给人的第一感觉。伴随着震耳欲聋的响声，赞比亚和津巴布韦的界河赞比西河向深渊飞流直下约 110 米（毫无疑问，这也是一处跨境世界遗产）。在 3 月和 4 月的高水位时，此处就会变成近 2 千米宽的水帘（每秒可有 1 万立方

米的水流倾泻而下）。其他时间，当赞比西河的水量减少时，单个瀑布又会重新分开。彩虹瀑布是所有单个瀑布中最高的。

基本情况

位置: 位于赞比亚南部，与津巴布韦交界处

面积: 66 平方千米

成立时间: 1989 年

1989 年被列入联合国教科文组织《世界遗产名录》

水流如雷鸣般地咆哮着，溅起的水花就像在施着魔法，笼罩了整片风景，把你带到一个令人惊奇的热带世界。

马纳潭国家公园
联合国教科文组织世界遗产

马纳潭国家公园成立一年后，邻近的萨比与切俄雷游猎区也被纳入了保护范围。这三个地区位于津巴布韦、赞比亚和莫桑比克三国交界处，面积近 7000 平方千米，其中切俄雷约占一半。在北部，赞比西河构成了马纳潭国家公园的天然边界，这条河经常淹没保护区内的草原和森林。在绍纳语中，"Mana"意

为"四"。因此，"马纳潭"指赞比西河的四片水域。这片肥沃的土地孕育了各种各样的动物：森林中栖息着 400 多种鸟类，数千头大象在这里漫步，对猎豹等动物而言，成群的水牛和斑马就是丰盛的盘中餐。

 基本情况

位置：位于津巴布韦北部的西马绍纳兰省，乌伦圭地区

面积： 2500 平方千米

成立时间： 1975 年

1984 年被列入联合国教科文组织《世界遗产名录》

从日出到日落的赞比西河。看到这片未受人类染指的自然景观，不由地令人产生一种谦卑的感觉。

奇尔瓦湖湿地
联合国教科文组织生物圈保护区

奇尔瓦湖周围的旱生落叶阔叶林是马拉维最古老的森林之一。奇尔瓦湖本身由开放水域、沼泽和洪泛区组成，其中每个部分的面积随季节变化而出现季节性波动；2019 年，奇尔瓦湖完全干涸了 8 次，但也经常再次被填满。对于鸟类而言，湖泊及其相关湿地，以及这里的热带气候条件为它们提供了良好的栖息环境。据统计，保护区内有 164 种不同的鸟类，其中一些候鸟只在这片地区季节性栖息。

非洲岩蟒喜欢沼泽地的生活（上方大图），鹈鹕也是（上方小图）。

基本情况

位置： 位于马拉维南部，靠近该国与莫桑比克接壤的东部边境
面积： 2400 平方千米
2006 年被认定为联合国教科文组织生物圈保护区

登上非洲中部的最高峰——海拔 3002 米的萨皮图瓦峰，可以一览姆兰杰山崎岖的花岗石山岩。巍峨的山峦之间，纵横交错着深深的峡谷和河流，河流又会变成瀑布飞泻而下。该地区的 600 多种鸟类中，有许多在陡峭的岩壁上繁衍生息，其中有些鸟类在整个非洲南部地区也只有在姆兰杰山才能找到。

广阔的平原上，巍峨的高山格外惹人注目：姆兰杰山是由地壳下的火山活动形成的。地表受到侵蚀，留下了坚硬的花岗岩。

姆兰杰山
联合国教科文组织生物圈保护区

谦比峰那高约 800 米、近乎垂直的西部岩壁显得尤为壮观。高山之上常常飘着雨云，经常为这片地区带来降水。在下山进入山谷的途中，会路过长满姆兰杰雪松的古老树林，里面的雪松被誉为马拉维的国树，在生物圈保护区内得到了特别保护。

基本情况

位置：位于马拉维西南部地区，靠近莫桑比克边境

面积：451.3 平方千米

2000 年被认定为联合国教科文组织生物圈保护区

桌山国家公园
联合国教科文组织世界遗产

桌山国家公园大部分位于拥有数百万人口的开普敦大都会地区。其地理位置在世界上实属独一无二。桌山山脉北起锡格纳尔山，南至好望角。悬崖险峻，陡峭的山坡上分布着纵横交错的砂岩洞穴，常绿森林郁郁葱葱，在丰富多彩的凡波斯（南非西开普省的天然灌木林或欧石南丛生的荒野，主要生长在地

中海气候带——译者注）中还能看到帝王花。这一切都构成了这座国家公园的特色，它以其全球独一无二的植物多样性而成为世界遗产。在仅占非洲大陆总面积 0.04% 的土地上，生长着 20% 的非洲植物。公园里的动物包括各种各样的羚羊、猴子、鸵鸟和斑马，人们在这里还可以看到鲸、海豹和企鹅。

基本情况

位置： 位于南非西南部的西开普省开普敦市
面积： 221 平方千米
成立时间： 1998 年
2004 年被列入联合国教科文组织《世界遗产名录》

桌山国家公园，原名开普半岛国家公园，成立于1998年，旨在保护桌山山脉周围独特的自然环境，尤其是凡波斯植物群。

花园大道国家公园
联合国教科文组织生物圈保护区

这是一片草木繁盛、美如花园的风景区：花园大道是南非最受欢迎的旅游景区之一。从莫塞尔湾到斯托姆河，此处沿东南海岸延伸，其多样性令人难忘。潟湖、湖泊和河流丰富了狭长的沿海地带。在一些冷清的沙滩旁，能看到茂密的原始森林。花园大道沿线有多个自然保护区，其中一些是非洲大型野生动物

的家园，另一些则是物种丰富的海底世界。这片生物圈保护区还守护着一些文化古迹，旅行者可以沿着山中古道漫步，有些山路甚至是以前的象群踩出来的。

上图：花园大道沿途盛开的芦荟。

基本情况

位置： 位于南非南部的西开普省和东开普省

面积： 1210 平方千米（国家公园），6983 平方千米（生物圈保护区）

成立时间： 2009 年
2017 年被认定为联合国教科文组织生物圈保护区

植被繁茂的南非：克尼斯纳镇附近的海景（上方大图）和齐齐卡马国家公园崎岖的岩石海岸线（下方大图）。

开普酒乡
联合国教科文组织生物圈保护区

开普敦东北部有一片引人注目的地区：在陡崖的山麓之上，分布着南非的葡萄酒产区。海岸上的强风在这里明显减弱，肥沃的土壤和避风的山谷为酿造优质的红白葡萄酒提供了理想的条件。在保护区内，人与自然和谐共生，联合国教科文组织对此也充分认可，于2007年认定该地区为生物圈保护区。许多农

场都有着荷兰传统，也因此成为南非历史的独特见证者。此地区的历史可以追溯到1652年，当时荷兰东印度公司在这里建立了一个贸易站，为前往印度的船队提供补给。随后，有定居者在此落脚，他们很快就意识到这里是理想的葡萄种植区。如今，这里不仅有许多古老的酒庄，还有一片独一无二的自然保护区，区内仅河流就有7条。

基本情况

位置： 位于南非南部的西开普省，开普敦以东约40千米处
面积： 3220.3平方千米
2007年被认定为联合国教科文组织生物圈保护区

狒狒一动不动地坐在山顶上俯瞰风景。看到自己的栖息地正在发生着的飞速变化，它会作何感想呢？

卡鲁国家公园

　　卡鲁国家公园在西博福特附近，成立于 1979 年，旨在保护卡鲁地区独特的植物群，并重新引入曾经生活在这里的野生动物。牧羊人曾在此过度放牧，破坏了卡鲁自然环境"微妙的平衡"，以至于可能使其变成一片荒芜的沙漠。而在卡鲁国家公园，多肉植物和当地特有的"博西"（Bossie）——卡鲁灌木丛——

得以幸免于小羊啃食。在约 8 万公顷的土地上，植被丰富多样，不仅有低洼平原的典型植被，也有海拔高达 1911 米的纽沃费尔德山的典型植被。在这片植被稀疏的土地上，放眼望去尽是狷羚、白尾角马、伊兰羚羊、林羚、剑羚、跳羚、平原斑马和山斑马。

基本情况

位置： 位于南非西南部的西开普省，西博福特附近
面积： 768 平方千米
成立时间： 1979 年

在 50 万平方千米的半沙漠地区，顽强的动物们仍然甘之如饴。这片沙漠的名字在当地的桑人口中意为"干旱"，可谓恰如其分。

天空布满乌云，一群白纹牛羚在耐心地等待着即将发生的事情。

布莱德河峡谷自然保护区

汤姆·伯克以他的"好运气"为"伯克的幸运壶穴"这一自然奇景命名，他希望在这里淘到金矿，却没有成功。然而，他的推断是正确的，这里确实埋藏着矿产资源。

　　布莱德河峡谷那雄伟的深谷不禁让人想起托尔金笔下的"中土世界"，那里是仙女和巨龙的家园，是邪恶与善良较量的永恒战场。有这种联系绝非偶然，没有哪处景色比南非最雄伟的峡谷更能激发《魔戒》作者的创作灵感了。在德拉肯斯山脉的红色砂岩中，布莱德河被凿出一条长 26 千米、深 800 米的深渊，

形成了非洲南部最伟大的自然奇观之一。但与其他同样巨大的峡谷不同的是，这里并非一片死寂干涸之地，而是一个满是动植物的亚热带伊甸园。各种鱼类和羚羊，以及鳄鱼、河马、猴子和鹰就生活在岩壁之间。

基本情况

位置： 位于南非北部的姆普马兰加省，德拉肯斯山区
面积： 290 平方千米
成立时间： 1965 年

德拉肯斯山脉
联合国教科文组织世界遗产

德拉肯斯山脉（又译为"龙山山脉"）全长 1000 多千米，是南非内陆高地向东海岸的过渡地带。在它北部的德兰士瓦－德拉肯斯山脉，被称作"布莱德河峡谷自然保护区"，受到保护；在它南部的纳塔尔－德拉肯斯山脉，以海拔3000 多米的山峰和幽静的湖泊而闻名，2000 年被联合国教科文组织列入《世界遗产名录》。它们共同构成了乌坎兰巴－

德拉肯斯堡公园。这里最伟大的珍宝无疑是桑族岩画，迄今为止，已发现 3.5万余件雕刻和绘画作品。巨人城堡狩猎保护区是这些艺术作品的集中地：仅在这处遗址就发现了 500 多幅描绘野兽、狩猎场景和萨满教仪式的画作。

基本情况

位置： 位于南非西南部地区和莱索托王国
面积： 2493.13 平方千米
2000 年被列入联合国教科文组织《世界遗产名录》

图盖拉瀑布和图盖拉峡谷

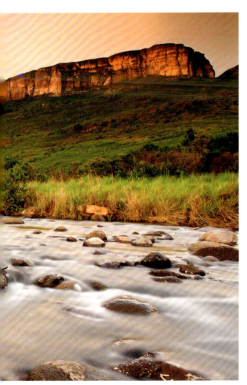

在这里徒步，可以欣赏到南非最壮观的自然景观之一。在地球最高的瀑布排行榜上，948 米的图盖拉瀑布仅次于委内瑞拉 979 米的安赫尔瀑布。图盖拉瀑布发源于奥索赫斯山的图盖拉河。在前往瀑布途中，会经过海拔 3282 米的奥索赫斯山、海拔 2165 米的森蒂纳尔山和海拔 3047 米的东部扶壁。山岩之上有两架铁梯，需要向上攀爬 60 米，徒步者的神经会受到更大的刺激。如果觉得铁梯过于晃动，可以选择从"冲沟"——一条数百米长的碎石地——登上高原。到了山顶，还需要再徒步一段距离，直到抵达瀑布。但一路艰辛总会有回报：俯瞰德拉肯斯山的美景可谓无与伦比的体验。

图盖拉河从悬崖边咆哮而下，跌入深渊，在如诗如画的美景中蜿蜒流淌。

基本情况

位置: 位于南非东部地区，夸祖鲁 – 纳塔尔省的西部，德拉肯斯山脉的北部地区，包括皇家纳塔尔国家公园的一部分

高度: 948 米

克鲁格国家公园

克鲁格国家公园是南非最受欢迎的旅游胜地，也是该国重要的外汇收入来源：1898 年成立，这或许是非洲动物种类最丰富的国家公园。约 2000 千米长的小径和柏油路，开拓了约 2 万平方千米的荒野，20 多个休息营地——从简陋的帐篷营地到豪华营地——提供住宿。从北部的多刺高灌丛稀树草原向南延伸，植被变得越来越茂密：可乐豆树森林、广阔的草原和茂密的金合欢小树林，为白犀、黑犀、大象、17 种不同的羚羊和 1500 头狮子提供了栖身之地。水牛在灌木丛中徜徉，长颈鹿啃食着伞刺金合欢树的叶子，500 多种小鸟组成的丰富的鸟类世界让人目不暇接。

基本情况

位置: 位于南非西南部的林波波省和姆普马兰加省
面积: 19624 平方千米
成立时间: 1898 年

两只母狮退到树上休息。尽管如此，它们仍然时刻保持警惕。成年黑犀在栖息地没有天敌，可以悠然自得地生活。

勒乌乌河很宽阔，流经克鲁格国家公园。

纳米布沙漠
联合国教科文组织世界遗产

纳米布沙漠是世界上唯一的沿海沙漠，从大西洋向内陆推进的雾堤，为这里的沙丘带送来湿气。在雨水充沛的年份，河流也会从东部的大陆崖一直绵延深入沙丘带，但随后它们会"迷路"，在有障碍物阻挡的地方形成小湖，当地人称之为"弗莱"（Vlei）。水蒸发后，就会留下一层盐碱黏土，野生动物可以舔舐以补充盐分。索苏斯盐沼和邻近的沙丘地貌是纳米比亚最著名、最迷人的景点之一。高达380米的沙山覆盖着200多万年前形成的远古沙丘，沙子呈微红色，色彩斑斓，令人叹为观止。

基本情况

位置： 位于非洲西南部海岸，从安哥拉、纳米比亚到南非的西开普省

面积： 9.5万平方千米

2013年被列入联合国教科文组织《世界遗产名录》

大自然看似毫不费力地创造出最伟大的艺术作品。纳米布沙漠一次又一次地以新的方式向参观者展示自己。

在风、阳光和沙漠的相互作用下，风景不断变化：沙地上的痕迹不是一成不变的。

美洲

北美和南美拥有独特的荒野和原始自然景观。作为世界上国土面积第二大的国家，加拿大的人口不到德国的一半，其独特的地貌和孤寂的氛围对游客具有极大的吸引力。早在1872年，为了保护美国的动植物，一群富有远见的人建立了世界上第一座国家公园——黄石国家公园。美洲大陆的南半部分拥有热带雨林、干旱的沙漠、冰川覆盖的高山和巨大的瀑布。

从高空鸟瞰，伊瓜苏瀑布给人留下了深刻的印象，展示了水与生命之间的紧密联系。巨大的瀑布周围形成了茂密的植被，许多当地特有物种在这里安家落户。

太平洋沿岸国家公园

太平洋沿岸国家公园濒临太平洋，沿温哥华岛西海岸绵延 130 千米。早在 1970 年，这座国家公园就已经建立了，2001 年成为自然保护区，当地的原住民，尤其是努查努阿特人也能参与治理。这里临海，气候凉爽潮湿，因此在巨大的北美云杉树之下，形成了一片郁郁葱葱的热带雨林，布满蕨类植物和苔藓。春秋两季，这里会有大型的鲸游过，对许多游客而言可谓旅途中的亮点。该国家公园由 3 个区域组成，大多数游客都会涌向北部区域，即托菲诺附近的长滩，那里广阔的沙滩和森林小径吸引着游客前来漫步。再往南则是布罗肯群岛。75 千米长的西海岸步道深受徒步爱好者青睐。

太平洋沿岸国家公园分为 3 个区域，由水隔开：克拉阔特湾南部的长滩、巴克利湾中约 100 个小岛组成的布罗肯群岛，以及西海岸步道。

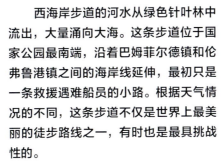

西海岸步道的河水从绿色针叶林中流出，大量涌向大海。这条步道位于国家公园最南端，沿着巴姆菲尔德镇和伦弗鲁港镇之间的海岸线延伸，最初只是一条救援遇难船员的小路。根据天气情况的不同，这条步道不仅是世界上最美丽的徒步路线之一，有时也是最具挑战性的。

基本情况

位置: 位于加拿大温哥华岛西海岸，不列颠哥伦比亚省的海岸之外
面积: 511 平方千米
成立时间: 1970 年

贾斯珀国家公园
联合国教科文组织世界遗产

如诗如画的加拿大：位于落基山脉的贾斯珀国家公园是北美大陆最受欢迎的旅游目的地之一。公园内有 800 多个湖泊，周围的冰川为大部分湖泊提供了水源。博韦特湖是一条翠绿的冰川湖，紧邻贾斯珀镇。贾斯珀公园木犀酒店坐落于湖畔，是曾经的大干线铁路公司旗下足以与邻近公园的班夫温泉酒店抗衡的有力竞争对手。与班夫国家公园相比，贾斯珀国家公园的游客较少，在深入腹地的小路上，你还能不受打扰地欣赏令人难忘的自然风光。登山铁路可通往游人如织的惠斯勒山，在那里有令人叹为观止的风景等着游客。无数条小路都通向马利涅湖那寂静优美、无与伦比的荒野。

基本情况

位置： 位于落基山脉，临近加拿大阿尔伯塔省的省会埃德蒙顿
面积： 10878 平方千米
成立时间： 1907 年
1984 年被列入联合国教科文组织《世界遗产名录》

从"山羊观景点"俯瞰阿萨巴斯卡山谷，就会感受到这座公园的无边无垠：贾斯珀国家公园的面积，比它的 3 个邻近的公园——班夫国家公园、约霍国家公园和库特内国家公园——面积的总和还要大。

梅迪辛湖的海拔为 1436 米，主要由冰川提供水源，水位波动很大。夏季水位最高，因为此时流入的冰川融水超过了地下河流网络可能排出的水量。

班夫国家公园
联合国教科文组织世界遗产

　　班夫镇是游览班夫国家公园的埋想起点，它位于弓河河谷，以温泉闻名。其中温度最高的温泉位于班夫镇以南约4千米处的硫黄山。在班夫镇以西，弓河洪泛区的三座湖泊形成了弗米利恩湖。在它们上方耸立的兰德尔山是一片很受欢迎的登山区。海凌峰，以加拿大太平洋铁路公司的一位中国厨师的名字命名，据说他在1896年曾打赌说自己能在10小时内登上这座山峰。当然，他赢了。这座山峰在1997年之前一直被称为"中国人的山峰"。

基本情况

位置： 位于加拿大阿尔伯塔省，距此最近的城镇是班夫镇

面积： 6641平方千米

成立时间： 1885年

1984年被列入联合国教科文组织《世界遗产名录》

从岩石堆眺望梦莲湖，是加拿大最常见的摄影题材之一，也是1969年20加拿大元纸币上的装饰图案。

沛托湖位于冰原大道的边缘，它就像一块碧绿色的宝石，依偎在山谷的怀抱中，仿佛有人打磨过它的轮廓。湖水来自周围的冰川融水。

迪纳利国家公园

20世纪初，成千上万的淘金者来到今天的迪纳利国家公园所在地寻找黄金。为了谋生，他们挖开大河小溪的河床，无情地砍伐树木，乱丢垃圾，大肆捕杀动物。当时还没有野生动物保护法规，保护大自然更是无从谈起。直到自然科学家查尔斯·谢尔顿出现，他与同伴哈里·卡斯滕斯探索了坎蒂什纳河周围的这片土地。在奥特岭的山间和托克拉特河畔，他度过了一整个冬天。他对大自然充满热情，为保护这一地区坚持不懈地奔走了多年，终于在1917年，迪纳利国家公园成立了。

哈里·卡斯滕斯是第一个征服这座当时还被称为麦金利山的山峰的人，他也成为迪纳利国家公园首位最高级别的管理员。

驯鹿通常只在发情期互相争斗，因为此时它们的后宫中还有几头母鹿，需要捍卫自己的地位。除此之外，它们是相当和平的同类。

基本情况

位置： 位于美国阿拉斯加的中心地区，即从北部的费尔班克斯通往安克雷奇的交通线的西侧

面积： 24585平方千米

成立时间： 1917年

泰加林是北方针叶林，是通往苔原的过渡地带。在阿拉斯加山脉白色山峦的映衬下，这里的秋天焕发出最美丽的色彩。

波利克罗姆山口

在这里可以欣赏到周围群山的迷人景色。氧化铁和其他矿物质赋予了岩石从橙色到锈红色的鲜明色彩。

托克拉特河

1907—1908 年，自然科学家查尔斯·谢尔顿在托克拉特河畔的一间小屋里度过了一个冬天。他对这里的风景情有独钟，多年来一直致力于保护面临过度开发威胁的大自然。

旺德湖

这座湖被柳树和赤杨环绕，南北绵延近 6 千米。运气好的话，还能看到驼鹿下到水中，享受一顿水草美食。

基奈峡湾国家公园

即使在飞机上，也能看到崎岖的峡湾：巨大的冰层覆盖着基奈峡湾国家公园2700平方千米的土地，其中的哈定冰原是一片遗迹，展现了很久以前阿拉斯加的一半土地被厚厚的冰层覆盖的样子。耸立于此的山峰被因纽特人称为"努纳塔克斯"（Nunataks），意为"孤独的山峰"。公园内大部分地区都是郁郁葱葱的自然景观，动物种类多到令人难以置信。公园里生活着9000多头驼鹿以及无数头驯鹿、雪羊、郊狼、熊、猞猁、海狸，甚至狼。海豚、座头鲸和逆戟鲸在海中嬉戏，海狮、海豹、海獭以及100多种色彩斑斓的海鸟为沿岸水域增添了活力。河流和湖泊中生活着鲑鱼和鳟鱼，是垂钓爱好者的天堂。

基本情况

位置： 位于美国阿拉斯加州的安克雷奇市以南，基奈半岛的东南边沿。阿拉斯加湾在这里伸入陆地，形成峡湾和宁静的海湾

面积： 2700平方千米

成立时间： 1980年

基奈山的许多地方都有冰川冰流动，基奈峡湾国家公园的大部分地区都被冰雪覆盖。在哈定冰原，有一条小路可以让游客近距离感受冰川的魅力。

在这座国家公园的峡湾中，大自然上演了一场精彩的动物秀：在野外可以看到鲸、海豹、海狮和水獭等动物。

兰格尔－圣伊莱亚斯国家公园
联合国教科文组织世界遗产

阿拉斯加东南部的这片无与伦比的荒野：兰格尔－圣伊莱亚斯国家公园是美国最大的国家公园，也是最美丽的国家公园之一，拥有最多的高山，其中包括美国第二高峰——海拔5489米的圣伊莱亚斯山，仅次于海拔6194米的迪纳利山。在这片自然保护区内，100多座冰川组成了北极圈之外最大的冰原。豪放的高山荒野是这里的地貌特征，还有令人印象深刻的峡谷和汹涌湍急的河流。除了麦卡锡和凯尼科特这两座历史悠久的矿区小镇，这里几乎没有任何人类活动的痕迹。但在历史上铜矿业繁荣发展时期，这里却有着另一番面貌。

色彩斑斓的画卷——白雪皑皑的山峰和闪烁着碧绿光芒的冰川断裂边缘（上页大图），以及从麦卡锡路看到的库斯库拉纳大峡谷的落日余晖（下图）。

　　除了金雕和游隼，还有许多猫头鹰在这里筑巢（上页小图）。在国家公园近似处女地的荒野上，不仅有熊、驼鹿、雪羊和罕见的戴氏盘羊等大型动物，还有旅鼠等小型啮齿动物（左图）。

基本情况

位置： 位于美国阿拉斯加州东南部，靠近加拿大边境

面积： 5.26 万平方千米

成立时间： 1980 年

1979 年被列入联合国教科文组织《世界遗产名录》

大陆的皇冠
联合国教科文组织生物圈保护区 │ 联合国教科文组织世界遗产

尽管与冰河期相比，现在的冰川只覆盖了其中很小一部分，但仍呈连绵不断之势。不过，这也为动植物开辟了一片独特的自然空间，这也是这片高高位于落基山脉之上的地区被称为"大陆的皇冠"的原因。自1910年以来，此地一直作为山地景观得到保护，与加拿大的沃特顿湖群国家公园接壤。对于生活在这里的黑脚部落而言，这些山脉还具有神秘的意义，尤其是高耸入云的方形酋长山，整片山脉都被原住民视为大陆的"脊梁"。这里的动植物世界基本上保存完好，灰熊、猞猁、雪羊、鼠兔和美洲獾等动物在这里安家，此外还有大约250种鸟类。如果不想徒步旅行，也可以乘坐历史悠久的红色旅游巴士征服这座公园。

保护区里有赤猞猁、美洲狮、灰熊、美洲鼠兔、白尾雷鸟和灰狼（小图片从左上角开始，按顺时针方向排列）。

旭日倒映在急流湖中（大图），白尾鹿一家正在四处张望（左图）。

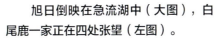

基本情况

位置：位于落基山脉，美国蒙大拿州西北部，毗邻加拿大

面积：4100.56 平方千米

1976 年被认定为联合国教科文组织生物圈保护区

1995 年被列入联合国教科文组织《世界遗产名录》

优胜美地国家公园
联合国教科文组织世界遗产

优胜美地谷

每年都会有许多游客前往优胜美地国家公园的中央山谷——优胜美地谷，因为这里汇集了大部分景点：不仅有著名的隧道观景点埃尔卡皮坦和教堂尖顶岩两大巨石景观，还有半圆顶、优胜美地瀑布和雪溪瀑布等景点等着游客去发现。

埃尔卡皮坦

这座岩石山崖位于优胜美地谷北侧，海拔 2307 米，是公园的地标性景观之一。它以几乎垂直的岩壁闻名，吸引着自由攀岩爱好者，但游客也可以通过一条便捷的徒步路径登上去。更有胆大的极限运动爱好者，会在山顶尝试低空伞降。

优胜美地瀑布

上瀑布的河水从 739 米的高处呼啸而下，跌入山谷；小的阶梯瀑布和下瀑布紧随其后。通往下瀑布的小路走起来难度较小，导致下瀑布游人如织。如果想近距离观赏上瀑布，可以沿着泰奥加公路的小路前往。

特纳亚湖

这座高山湖泊的海拔为 2484 米，位于优胜美地国家公园海拔较高的位置，在优胜美地谷和土伦草甸之间。夏天，可以在"高地明珠"划独木舟、湖上泛舟和游泳。此外，这里也是徒步旅行的好去处。

基本情况

位置： 位于美国加利福尼亚州内华达山脉的西坡
面积： 3027 平方千米
成立时间： 1890 年
1984 年被列入联合国教科文组织《世界遗产名录》

大图：从隧道观景点看到的优胜美地谷全景，以及埃尔卡皮坦和教堂尖顶岩。

优胜美地国家公园是美国西部最令人难忘、最受欢迎的自然保护区之一，尤其是在夏季，游客更是络绎不绝。内华达山脉森林最茂密的地区有优胜美地谷，游客们纷至沓来。风景如画的默塞德河流经冰斗冰川，周围的花岗岩峭壁海拔高达 1500 米。印第安人称这个迷人的山谷为"欧哈米特"（O-ha-mi-te），意为"熊之谷"，即后来的优胜美地。纽约中央公园的创建者弗雷德里克·劳·奥姆斯特德就曾有过想法，将优胜美地谷列入自然保护名录。但是直到 1890 年，环保运动的先驱者约翰·缪尔才说服政府建立了优胜美地国家公园。缪尔还对红杉树的保护做出了巨大贡献。

死亡谷国家公园

在美国加利福尼亚州东部地区，"臭名昭著"的死亡谷占据了约1.3万平方千米的土地。帕纳明特岭和阿马戈萨岭之间的沙漠山谷就位于其中。夏季气温能超过50℃。1994年，这里成为国家公园。然而，第一批进入山谷的人差点命丧于此。1849年，拓荒者跟着马车队前往加利福尼亚的金矿，但却走了一条自以为是捷径的路，结果被困在炽热的山谷中，20天后才获救。据说，其中一名拓荒者在获救时喊道："再见了，死亡谷！"于是，这座山谷就有了名字。即使在今天，穿越死亡谷时也要格外小心，要储备充足的饮用水以保性命。

进入巴德沃特盆地后，就来到了北美地势最低的地方。在扎布里斯基角，死亡谷的美景尽收眼底。上页小图：沙漠报春花（柳叶菜科月见草）。

魔鬼高尔夫球场

根据 1934 年的《死亡谷国家公园游览手册》，只有魔鬼才能在如此高低不平、布满褶皱的地面上打高尔夫球。大约 1000 年前，这里曾有一座湖——曼利湖，但湖水蒸发后，只留下了一层盐壳，并随着天气的不断变化而形成新的奇异形状。

梅斯基特平地沙丘

没有沙丘的沙漠会是什么样子？虽然这些沙丘还不足 100 米，但它们却是死亡谷北部最著名也是最容易到达的地方。其覆盖面积相对较大，有时呈新月形，有时延展成一条直线或呈星形。

艺术家调色板

这是一个真正意义上的调色板。布莱克山的山坡由于岩石中金属的氧化作用，呈现出令人难以置信的丰富色彩。例如，铁会呈现红色，铜会呈现绿色。整条"艺术家之路"（Artist Drive）的形成都源于火山活动。

黄金峡谷

进入黄金峡谷的徒步路线长达几千米，是游客在死亡谷能体验到的最美徒步路线之一。徒步者需要一直走上坡路，穿过狭窄的通道，沿着高高的岩壁，在闪烁着金色、红褐色和橙色光泽的峡谷岩石间穿行。

基本情况

位置： 位于美国加利福尼亚州东部，靠近内华达州界

面积： 13628 平方千米

成立时间： 1933 年（国家保护区），1994 年（国家公园）

黄石国家公园
联合国教科文组织世界遗产

黄石大峡谷

位于黄石国家公园西部的黄石大峡谷有近 400 米深，瀑布飞流直下，野牛成群结队，让人仿佛回到了历史上的美洲，那时这片土地还没有被欧洲征服者改变。

上间歇泉盆地

上间歇泉盆地是世界上间歇泉密度最高的地方，吸引了众多游客，尤其因为这里的老忠实喷泉。不过，其他间歇泉和五颜六色的泥泉也不容错过。

下间歇泉盆地

一些游客声称，黄石国家公园的所有标志性景观都可以在下间歇泉盆地这一个地方找到——他们的说法并不完全错误，至少在地热方面是这样：间歇泉、温泉、泉华阶地、喷气孔和泥泉，都在这里展现出它们最美的一面。

老忠实喷泉

老忠实喷泉将水柱喷向天空，其规律性极强，这让它成为世界上最著名的间歇泉之一，前来观看这一奇观的人非常多。

基本情况

位置： 位于落基山脉中，美国怀俄明州西北部，一小部分地区还跨过州界，延伸到了蒙大拿州和爱达荷州
面积： 8983.49 平方千米
成立时间： 1872 年
1978 年被列入联合国教科文组织《世界遗产名录》

地热能在黄石国家公园创造了真正的奇迹。那些极为微小的生物已经适应了极高的温度，还为一些水池增添了有趣的色彩。

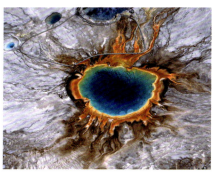

黄石国家公园由山脉、河流、湖泊和300多个间歇泉组成。冷水沉入地层深处的空地，在那里被加热，然后通过裂缝组成的狭窄通道喷出地表。"老忠实喷泉"最为规律，大约每隔70分钟就会从地下喷出沸腾的水柱；蒸汽船间歇泉最后一次喷发是在1978年，100多米高的喷泉水柱让它成为世界上最高的间歇泉；而诺里斯间歇泉盆地则笼罩着浓浓的硫黄烟雾。黄石国家公园还有别的景点，如黄石大峡谷的上瀑布和下瀑布，以及中间鲜为人知的水晶瀑布。野生动物的多样性也令人吃惊：美洲野牛、熊和加拿大马鹿经常在此出没。

峡谷地国家公园

美国犹他州南部的峡谷地是地球上最令人激动的地方之一。今天的这片自然保护区，在20世纪上半叶只有印第安人和熟练的骑手才能进入。1964年，这里成为国家公园。许多远足徒步路线通向峡谷和山谷，那里展示了一个由色彩斑斓的岩石组成的童话世界。格林河和科罗拉多河像绿色的丝带穿过这片山岩地带。站在全景远眺点，河谷美景可以尽收眼底。在针尖区游客服务中心，有多条路通往南部的针尖区。在这里，随处可见印第安部落普韦布洛人所建石屋的遗迹。在迷宫区，可以欣赏到许多未被人类染指的自然景观，因为这里几乎与世隔绝，很少有游客进入。

梅萨拱门是峡谷地国家公园的特色景观，就像公园里的平顶山丘和典型的红色色调一样，只有在日出和日落时分才会显得更加浓烈。

天空之岛

连同天空之岛，在公园的北部有一片三角形区域，其特点是高度干旱。这里的徒步路线可通往那些最美丽的全景瞭望台，如脖颈台，在这里可以欣赏到由山岩地貌和两条蜿蜒河流组成的壮丽景色。

白缘

白缘是天空之岛地区的一处特色景点，它是一片闪闪发光的白色岩层，仿佛一条明亮的带子贯穿山岩，与周围的红色色调相映成趣。

死马点州立公园

这座州立公园紧邻峡谷地国家公园，科罗拉多河在峡谷中180°转弯的壮观景色尤其让人印象深刻。有许多电影在这里取景。

针尖区

针尖区的针状山岩傲然挺立，壮美如画。在切斯勒公园里，这些针状岩石格外引人注目。在针尖区，有一条备受推荐的徒步路径，那就是汇流远眺小路，在这里可以欣赏科罗拉多河和格林河交汇之处。

天使拱门

尽管天使拱门并非峡谷地国家公园唯一的拱门，但没人否认，在这里拍出来的照片极为真实。它的名字源于外观，这座拱门看起来就像一个天使的侧影，穿着长裙，长着翅膀，头温柔地低垂着。

基本情况

位置： 位于美国犹他州，70号州际公路和亚利桑那州州界之间，靠近莫阿布镇

面积： 1365平方千米

成立时间： 1964年

布赖斯峡谷国家公园

　　大自然有时会创造出最美丽却又最奇异的事物，几乎没有人会在游览布赖斯峡谷时对这一说法提出质疑。红色、条纹密布、庄严：这就是胡杜石柱林——一片壮观的石灰岩石柱。

　　布赖斯峡谷的红色岩塔林就像管风琴一样，从布满岩石的地面上拔地而起。这片色彩华丽的石灰岩地貌是数百万年来历经风吹雨打形成的，它们的名字充满想象力，如雷神之锤、女王城堡、格列佛城堡、印度教寺庙和华尔街。即使是在科罗拉多大峡谷，大自然也没有像这里这般变化无常。在 1870 年前后，约翰·韦斯利·鲍威尔是首位探索这里

的人，而后来的国家公园却得名于埃本尼泽·布赖斯，他在布赖斯峡谷建立了一座牧场，但不久后他就搬到了亚利桑那州。因为在这里他有时不得不花上几周时间，在蜿蜒的峡谷中寻找他的牛群。1924 年，拥有独特砂岩石柱森林的布赖斯峡谷被划为国家保护区。4 年后，它荣升为国家公园。

潘绍贡特高原的边缘延伸超过 30 千米，无数的岩柱在风雨中受到侵蚀，形成了胡杜石柱林。在这里，即使每年有 100 万名游客来访，也不算什么稀奇的事情。

基本情况

位置：位于美国犹他州南部，大阶梯－埃斯卡兰特自然保护区和锡安国家公园之间；布赖斯镇以北可提供住宿

面积：145 平方千米

成立时间：1928 年

格伦峡谷自然保护区

昔日峡谷，今日泽国：1964 年，在美国犹他州和亚利桑那州的边境地区，被水坝截住的科罗拉多河化身为鲍威尔湖。在水位最高时，水库长度超过 300 千米。在原本干涸的沙漠中，它衍生的众多支流塑造出了总长超过 3150 千米的河岸景观。该峡谷成为一片自然保护区和疗养胜地，毗邻南面的科罗拉多大

峡谷，每年有近 200 万名游客慕名前来。这里的砂岩地貌风景如画，高耸于水面之上，摩托艇、家用小舟或独木舟都可以在水面穿行。因此，最受欢迎的景点也最适合从水上前往——88 米高的彩虹桥，这座天然石桥是美洲原住民纳瓦霍人的圣地。

刹那间，人们可能会产生错觉，认为自己正俯瞰着瑞典群岛，但平坦的砂岩高原又提醒着游客：这里位于美国西南部。

基本情况

位置：美国的犹他州和亚利桑那州共享着鲍威尔湖和下卡特拉克特峡谷周围的自然保护区；面积较大的区域位于犹他州

面积：5076 平方千米

成立时间：1972 年

在佩奇村南面的马蹄湾——形状如
马蹄铁的弯曲河道，植物已经将河岸征
服了。白天，陡峭的岩壁为下面的植物
提供了阴凉，有利于植物的生长。

纪念碑谷

位于美国犹他州和亚利桑那州交界处的纪念碑谷，是地球上最美丽的山谷、"世界第八大奇迹"，也是红色岩石绘就的奇妙世界。这里是美国西南部最具代表性的象征之一。无数电影在这里取景，使得这里几乎成为神话般的景观。岩石巨人和孤峰群高耸入云，犹如一座座令人印象深刻的纪念碑，其规模之大既令人感到压抑窒息，又令人陶醉痴迷。其

名字颇具想象力，如"左右手套山"，还有一座石柱唤作"图腾柱"。有相邻的三座石柱原名为"三姐妹"，但因为它们在天空中看起来像一个大 W，所以约翰·韦恩（John Wayne，美国著名影视演员，以出演西部片和战争片中的硬汉而闻名——译者注）将其命名为"大W"，广告宣传片也经常在这里取景。

基本情况

位置： 位于美国犹他州和亚利桑那州交界地带，鲍威尔湖以东约 80 千米处

面积： 74.4 平方千米

"左右手套山"隔着平原相互致意，梅里克山静静地注视着一切。在这里拍摄的西部片，如《西部往事》，似乎也融入岩石之中，成为不朽经典。

不难看出，"图腾柱"这个名字指的就是左侧图片中最高的岩石。它高达116米，傲视群雄。

大峡谷国家公园
联合国教科文组织世界遗产

大峡谷国家公园
联合国教科文组织世界遗产

  1540 年，西班牙人洛佩兹·德·卡迪纳斯是第一位目睹（科罗拉多）大峡谷宏伟全景的欧洲人，但精确的地图直到 19 世纪中叶才被绘制出来。大峡谷形成的历史原因至今仍然缺乏准确的研究结论，大概在 600 万年以前，河流开始在岩石高原上蜿蜒流淌，随着时间的推移，便形成了这个峡谷。对此，热衷于环保运动的先驱约翰·缪尔称它是"上帝在地球上创造的最宏伟的地方"。风吹雨打造就了岩石峭壁的奇异形状，岩壁上分布着不同的岩层，记录了地球的不同时期，非常容易辨认。在这里发现的化石提供了史前时代生活的重要信息。

基本情况

位置：位于美国亚利桑那州北部地区，距此最近的城市是弗拉格斯塔夫

面积：4926.08 平方千米

成立时间：1919 年

1979 年被联合国教科文组织列入《世界遗产名录》

大峡谷的峭壁几乎垂直而下。如果想到达峡谷的另一边，就必须绕道而行：只有在国家公园外，科罗拉多河上才建有桥梁。

峡谷的两个边缘都是绝佳的观景位置，尤其是在日出和日落时分，景色分外美丽。既可以徒步旅行，观览两侧的峡谷，也可以乘坐观光飞机，领略别具特色的全景。

与北缘不同的是，图中展现的南缘全年开放，因此也是大峡谷国家公园中游客最多的地方。这并不稀奇，因为这里的景色美不胜收。

伯利兹堡礁
联合国教科文组织世界遗产

在伯利兹海岸线之外，北半球最长的大堡礁沿着大陆架边缘延展开来。许多濒危动物栖息于这片色彩斑斓的海底世界，大西洋最大的珊瑚礁区形成了一片复杂的生态系统，其中包含一个长250多千米的大堡礁，3个离岸较远的大型环礁，以及数百个被称为"珊瑚礁"的分散岛屿，在这些岛屿上生长着170多种植物。这处面积近1000平方千米的世界自然遗产由7座保护区和国家公园组成，有各种各样的礁石，礁石上形状奇特的灌木丛和石柱为许多生物提供了栖息之所。除了各种水生植物，这里还有大约350种软体动物、海绵动物和甲壳动物，以及纳氏鹞鲼和石斑鱼等各种鱼类。

基本情况

位置： 沿伯利兹海岸分布，距此最近的村镇是丹格里加和霍普金斯
面积： 963 平方千米
1996 年被联合国教科文组织列入《世界遗产名录》

纳氏鹞鲼就像一件活生生的艺术品，漂浮在特内夫环礁周围的水域中。它喜欢沿海的浅水区，从上往下看，它与大海的颜色搭配得恰到好处。

魟（左一图）、石珊瑚和软珊瑚（左二图）只是构成珊瑚礁丰富多彩的生命世界的一小部分。

普拉塔诺河

联合国教科文组织生物圈保护区 | 联合国教科文组织世界遗产

　　世界上连片面积第二大的热带雨林的很大一部分就生长在普拉塔诺河流域的生物圈保护区内。沿着海岸线，原始沙滩的背后就是潟湖和红树林，还有沿海稀树草原，里面生长着漂浮性水生植物，以及棕榈树和低地松树。此地内陆地区是由热带和亚热带雨林构成的丰富的生物世界。自然保护区内还生长着众多树种，如西班牙雪松、桃花心木、轻木和檀香木等，为许多动物提供了一个不受人类世界打扰的栖息地。这里人烟稀少，只居住了几千人。除了当地的米斯基托人、佩奇人和塔瓦赫卡人，还有加里富纳人——他们的祖先为加勒比人和非洲人。他们在这里延续着自己的生活方式。此外，经考古发掘，这里还有古代玛雅人的定居点。

基本情况

位置：沿着同名的河流，从西加勒比海岸到洪都拉斯内陆
面积：5250 平方千米
成立时间：1969 年
1979 年被认定为联合国教科文组织生物圈保护区
1982 年被列入联合国教科文组织《世界遗产名录》

从艳丽到危险：当地的动物种类繁多，包括彩虹巨嘴鸟（大图）、绯红金刚鹦鹉、白头卷尾猴、鳄蜥、许氏棕榈蝮、美洲豹猫和咖啡蛇（从左上角开始，按顺时针方向排列）。

玛雅遗迹和动物世界固然有趣，但也不应忘记丰富多彩的植物世界，其中一些植物能呈现出绚丽的色彩和独特的形状。

中科迪勒拉山
联合国教科文组织生物圈保护区

　　这片山区有些地方偏远且陡峭，似乎从未有人涉足。陡峭的山坡上，溪流和河流纵横交错。瀑布飞流直下，湖泊静谧如镜。中科迪勒拉山脉美景众多，4座国家公园汇聚于此，还有波阿斯火山和伊拉苏火山，海拔都在3000米以上，目前仍处于活跃期。拉塞尔瓦科考站的工作就是保护这里的热带雨林。科考站不仅研究了65种蝙蝠和许多树木、地衣和其他植物，将5000种蝴蝶登记造册，而且护林员和志愿者们还竭力遏制该地区的偷猎活动，首当其冲的就是对鬣蜥、鹿和驼鼠的狩猎。

基本情况

位置： 位于哥斯达黎加圣何塞北部地区

面积： 1443.63平方千米

1988年被认定为联合国教科文组织生物圈保护区

矛盾复杂的地区：一边是光秃秃的火山岩和火焰，另一边是郁郁葱葱的绿色植被和水源。在这两者之间，是色彩斑斓的大绿金刚鹦鹉（大图）。

波阿斯火山

火山是地球上最难以预测的自然现象之一，海拔超过 2700 米、仍处于活跃状态的波阿斯火山也不例外。就这点而言，围绕这座火山的国家公园的开放时间同样也是不可预测的。2017 年，由于 4 月份火山活动有所增加，政府认为风险太大，几乎一整年都不允许游客过于靠近火山。波阿斯火山有一个神秘的火山口湖，在过去的 100 年间，这座火山一直表现得相对温和，只有在 20 世纪 50 年代才引发了周边地区的不安。1955 年，附近巴霍斯德尔托罗的居民最终不得不离开这里。毕竟，火山随时都有大爆发的可能。

伊拉苏火山

如果说地球上有一个地方最接近月球，那可能就是伊拉苏火山的火山口了（海拔 3432 米）。这一说法来自一位家喻户晓的人：尼尔·阿姆斯特朗。登上火山口边缘，如果天气晴朗，不仅可以看到环绕哥斯达黎加的两片大海，还可以看到火山口的深渊之中有一座翠绿色的湖泊。这是一座酸性湖泊，内部涌出的气体不同，呈现出来的颜色也不同。这座哥斯达黎加最大的火山十分富有生命力，上一次喷发是在 1994 年。熔岩固然危险，但火山口的任何变化都更为致命。因为湖边的岩壁很薄，一旦湖水泄漏，周围的村民都将有性命之虞。

卡奈马国家公园
联合国教科文组织世界遗产

　　"卡奈马"（Canaima）在卡马罗科托人的语言中代表邪恶的神灵，是所有邪恶的化身。与这个可怕的名字形成鲜明对比的是，这座占地面积为3万平方千米的委内瑞拉第二大国家公园，以其令人倾倒的自然美景给人留下了极为深刻的印象。在茂密的植被中，壮观的瀑布倾斜而下，如地球上最高的瀑布安赫尔瀑布，以及库凯南瀑布和卡奈马潟湖阶梯瀑布。据说这里有3000～5000种开花植物和蕨类植物，其中许多是当地特有的。除了稀树草原，这里还有密不透风的山林和灌木丛，兰花的种类之多也令人难忘。

基本情况

位置： 位于委内瑞拉南部的玻利瓦尔州，大萨瓦纳

面积： 3万平方千米

成立时间： 1962年

1994年被列入联合国教科文组织《世界遗产名录》

高原有自己的气候。风化的砂岩土地养分含量低，但却是许多食虫植物——如太阳瓶子草——理想的生态空间。

安赫尔瀑布

1933 年，常年翱翔于无人区的美国飞行员吉米·安赫尔在飞机上发现了这座瀑布，被深深吸引。后来，他总是飞回"他的"瀑布，瀑布也因此得名。起初，周围的人总是认为他的故事是胡言乱语，不相信会有这么高的瀑布。如今，委内瑞拉人也会用"科瑞帕库派梅如"（Kerepakupai Merú）来称呼这座

瀑布。在当地佩蒙人的语言中，这个名字的意思是"最深处的飞跃"。这个名字很贴切，毕竟当地人认为是他们"发现"了这个瀑布，而不是外国的飞行员。尽管如此，外国人仍然将这一自然奇观称为安赫尔瀑布。虽然瀑布位于一个极难通行的地方，但它已经成为委内瑞拉最受欢迎的旅游景点之一。和当年一样，要想到这里，只能乘坐小型飞机或直升机。

直到 1910 年，人们才发现安赫尔瀑布。这座瀑布高 979 米，是地球上最高的瀑布。湍急的水流从奥扬特普伊山上飞流直下，坠入深渊。

罗赖马桌山巨大的岩壁高达 400 米。这里生长着苔藓、凤梨和食肉植物。

亚马孙河和亚马孙雨林

　　一望无垠的江河湖水，无数岛屿被热带雨林覆盖：在亚马孙河下游，一眼就能看出这是地球上流量最丰沛的河流。它的总流量比排位其后的 7 条河流的总和还要多！亚马孙河蜿蜒曲折，支流众多，以一种沉稳而慵懒的方式流经地球上最大的成片雨林地区，这座自然天堂为 2200 种鱼类、1300 种鸟类和 400 种哺乳动物、爬行动物和两栖动物提供了栖息地。亚马孙河在与格兰德河和索利蒙伊斯河汇合后，下游河道宽度达到了 4 ～ 10 千米，在汇入大西洋前约 350 千米处又分成了几条主要支流。因涌潮较大，河口呈漏斗形。

基本情况

位置： 亚马孙雨林 60% 的地区位于巴西，其他部分分布于 8 个国家。南美洲大陆北部大部分地区都被这片雨林占据

长度： 6992 千米

深绿色的亚马孙雨林，常年湿润，树木繁密，几乎无路可走。它是地球上最重要的"绿肺"之一。森林里阴森昏暗，颇为神秘，为珍稀动物提供了栖息地。

亚马孙河是地球上水量最丰沛的河流：平均每秒便有18万立方米的河水从河口注入大西洋。亚马孙河的水量之大，足以令远洋轮船从大西洋入海口深入航行1500千米，一直到巴西中部的马瑙斯。

维德洛斯台地国家公园
联合国教科文组织世界遗产

维德洛斯台地国家公园的平均海拔为 1400 ~ 1500 米，部分地区高达 1800 米。它形成了一个分水岭，将马拉尼昂河和巴拉那河的支流分隔开来。这座国家公园始建于 20 世纪 60 年代初，后来面积缩小，今天的面积只有最初面积的 1/10。这里基本上是一片未经开发的山地景色，只有少数几片地方被开

发出来，供游客游览。例如，普雷图河的两座瀑布，一座高约 80 米，呈扇形，向下流入陡峭的悬崖，在其周围是一片巨大的盆地；另一座瀑布则更高，达120 米。

维德洛斯台地国家公园位于巴西热带稀树草原的最高处。这里生活着许多珍稀动物，记录在册的有 45 种哺乳动物、300 多种鸟类和大约 1000 种蝴蝶。

基本情况

位置: 位于巴西戈亚斯州东北部地区，塞拉达梅萨水库以东约 50 千米处
面积: 6480 平方千米
成立时间: 1961 年
2001 年被列入联合国教科文组织《世界遗产名录》

　　大自然为动物们赋予了优雅：剪尾王霸鹟分叉的尾羽，潘帕斯鹿天鹅绒般的鹿角，以及植物的奇特外形。

泰罗纳国家公园

圣玛尔塔内华达山脉的山麓沉入了大海，仿佛一只巨大手掌的手指插入水中。在这片郁郁葱葱的岩石之间，能看到风景如画的海湾、雪白的沙滩和清澈的海水。珊瑚礁和红树林沿着海岸线延伸，热带雨林和旱生阔叶林也是泰罗纳国家公园的一部分。降雨量决定了这里的地貌，也决定了动植物世界的丰富性。这里生活着 400 多种鸟类，从安第斯秃鹰到红冠啄木鸟。悬猴和狨亚科的狷狨在树上爬来爬去，濒临灭绝的李斯特猴（绒顶柽柳猴）也属于狨亚科。在大自然的野外环境中，只有在哥伦比亚的一小部分地区还能看到它们。这种活泼的猴子非常健谈，声音听起来仿佛鸟鸣。

基本情况

位置: 位于哥伦比亚北部的马格达莱纳省，包括圣玛尔塔内华达山脉生物圈保护区的部分地区
面积: 150 平方千米
成立时间: 1964 年

李斯特猴（绒顶柽柳猴）：作曲家弗朗茨·李斯特晚年时曾留着飘逸的白发，与这种小猴子的头部毛发颇为相似，这启发了生物学家，于是这个不寻常的名字便诞生了。

大自然见证着历史的沧桑变幻：当这片地区还是印第安部落泰罗纳人的领地时，这里就已经有了雨林和鬣蜥。

加拉帕戈斯国家公园
联合国教科文组织生物圈保护区 │ 联合国教科文组织世界遗产

加拉帕戈斯群岛诞生于火焰和灰烬之中。现已存在 100 多座岛屿，而地下一个巨大的岩浆腔室还在不断为群岛添丁进口。这里有一条向上生长的地下山脉，叫作加拉帕戈斯海隆。与此同时，纳斯卡和科科斯两个大陆板块还在分离。岛屿处于纳斯卡板块边缘，随着板块不断向东推进，西部不断有新的岛屿形成；

而最东边的旧岛屿又随着板块向下移动被"淹没"了。最西边最新的岛屿是费尔南迪纳岛，岛上岩浆腔室引发了强烈的火山活动。正是因为加拉帕戈斯群岛是由火山活动形成的，从未与大陆连接过，因此在没有任何外界影响的情况下，经过数百万年的历史演变，这里的动植物在全世界都是独一无二的。

基本情况

位置： 距厄瓜多尔西海岸约 1000 千米
面积： 14066.5 平方千米
成立时间： 1959 年
1984 年被认定为联合国教科文组织生物圈保护区
1978 年被列入联合国教科文组织《世界遗产名录》

小蜥蜴不想绕路，于是干脆直接窜到海鬣蜥的爪子上（大图）。后者是加拉帕戈斯群岛特有的物种，这里还有大量物种也是如此。

上页小图（左上起，顺时针方向）：一对红脚鲣鸟、加拉巴哥陆鬣蜥、加拉帕戈斯象龟、加拉帕戈斯海狮、大蓝鹭、绿鹭。

左图：巴托洛梅岛是加拉帕戈斯群岛中较小的岛屿之一，尤其以岛上的尖顶岩而闻名。越过碧蓝的海面，可以远眺圣地亚哥。

布兰卡山脉

这里有着世界上最高的热带山脉，秘鲁的最高峰——海拔 6768 米的瓦斯卡兰峰就坐落在这里。布兰卡山脉的闪长岩覆盖着雪原和冰原。

布兰卡山，"白色山脉"之意。它之所以得名，便是因为大量的冰川以冰雪将山峰包裹起来。其中，有整整 50 座山峰的海拔超过 5700 米，事实上，布兰卡山脉是全世界热带地区最高的山脉。对这里另一座向西绵延的山，秘鲁人的

命名却截然相反：内格拉山，"黑色山脉"之意，名字的含义也说明了一切——黝黑的岩石，远近四周没有一丝积雪。不幸的是，边上的布兰卡山也越来越像一座黑色山脉。冰川正在融化，气候变化在这里的作用很明显。

瓦伊瓦什山巍峨的山峰就耸立在附近，给登山者摆下了一道高难度的挑战。

基本情况

位置： 位于秘鲁东部的安卡什大区
长度： 180 千米

埃杜阿多阿瓦罗亚国家公园

　　这里的风景宛如萨尔瓦多·达利的一幅活体画作。多孔的石头被风磨平了棱角，躺在那里，仿佛被随意扔在橙色的沙土上。沙漠是埃杜阿多阿瓦罗亚国家公园的主要景色之一。这片保护区以一位玻利维亚民族英雄的名字命名，他在硝石战争中攻入了智利。保护区被安第斯山脉最高的几座山环绕，科罗拉达湖和布兰卡湖是这里的热门旅游地，韦尔迪湖呈现出加勒比海般的碧绿色，也是国家公园的一部分。此外，国家公园还包括旭日温泉。虽然乍看之下环境恶劣，但这里有近 200 种植物，有 80 种鸟类和 23 种哺乳动物在此觅食。

有了科罗拉达湖，保护区就已拥有一处色彩斑斓的景点，但这还不是全部：旭日温泉也呈现出五彩缤纷的景象，就像一道充满生机的彩虹。

旭日温泉热气腾腾，这都是由喷气孔、间歇泉和其他地热现象造成的。

维森特佩雷斯罗萨莱斯国家公园

奥索尔诺火山在阳光的照耀下显得十分平静，但它并非总是如此。1835年，著名生物学家查尔斯·达尔文亲眼见证了这座火山如何用尽洪荒之力喷发最后一次。

这座智利历史最悠久的国家公园一直延伸到与阿根廷接壤的边境，自然风光极为壮丽。它与普耶韦国家公园，以及阿根廷一侧的纳韦尔瓦皮自然保护区和拉宁自然保护区一起，跨越国境保护着巴塔哥尼亚北部独特的自然风光。奥索尔诺火山的海拔为2652米，只有海拔3451米的特罗纳多峰比它高一些，

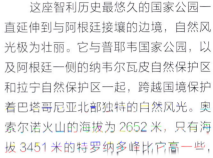

火山脚下有翠绿色的托多斯洛斯桑托斯湖，名字意为"万圣湖"。维森特佩雷斯罗萨莱斯国家公园不仅是该国历史最悠久的国家公园，游客也最多。这或许要归功于彼得罗韦瀑布，彼得罗韦河在这瀑布下飞流直下，以迅雷不及掩耳之势奔向太平洋。

瓦尔迪维亚雨林中生活的动物都很羞涩且爱隐蔽。除了许多鸟类，还有美洲狮和智利野猫。

基本情况

位置： 位于智利南部的洛斯拉戈斯大区，延基省和奥索尔诺省
面积： 2537平方千米
成立时间： 1926年

托雷德裴恩国家公园
联合国教科文组织生物圈保护区

南美洲最大的冰川区以一条汹涌澎湃的河流向世人宣示着自己的存在：裴恩河携带着迪克森冰川的珍贵淡水，穿过国家公园，流入同名湖泊，很快就变成汹涌的激流。它流淌了几个世纪，磨平了岩石，又在上面冲刷出沟壑。河水倾泻而下，为徒步爱好者和摄影爱好者带来如画的瀑布美景。如果运气好，还能在这里看到彩虹。本来裴恩河的颜色是蓝色的，因为"裴恩"（Paine）在原住民特维尔切人的语言中意为"天蓝色"。但事实上，它还可以呈现出明亮的绿松石色。地肤在灌木丛中盛开时，明亮的红色会与河水的颜色相映成趣。

基本情况

位置： 位于智利南部的麦哲伦大区，乌尔蒂马－埃斯佩兰萨省
面积： 2420 平方千米
成立时间： 1959 年
1978 年被认定为联合国教科文组织生物圈保护区

上页图：第一缕阳光让裴恩角的岩石熠熠生辉。深色的岩顶可追溯到原始火山爆发时被推到地表的沉积物。

下图：刺骨的寒风在弗朗塞斯悬冰川上咆哮。著名的徒步路线"W"连接着这一地区的所有自然美景：从鸟瞰图上看，这条路线呈"W"形。

大裴恩山

雄伟的高山塑造了托雷德裴恩国家公园的形态特征，这座国家公园位于智利最南端，靠近南极洲。数千年来冰川不断流动，将花岗岩打磨成各具特色的山峰和奇形怪状的山岩。在时而冰蓝、时而火红的天空之上，大裴恩山高耸入云。虽然这里天气恶劣，冰天雪地，但由于大意而引发的火灾也曾对森林地区造成了相当大的破坏。由于气候寒冷，当地植物生长缓慢，因此大自然的恢复速度也非常缓慢。

塔夫拉达·德乌玛瓦卡峡谷

联合国教科文组织世界遗产

　　在落日余晖之下，150 千米长的塔夫拉达·德乌玛瓦卡峡谷的山坡上闪耀着黄色、橙色、紫色、棕色、米色、灰色和绿色等各种颜色，就像在地球上创造了一道独具特点的石制彩虹。夏季，格兰德河穿过安第斯山脉，流入山谷。河水蜿蜒经过一些小村庄，如圣弗朗西斯科德蒂尔卡拉及其古老的要塞普卡拉。数千年来，人类也利用这条通道从高地前往低地。在色彩斑斓的安第斯山脉斜坡西面，格兰德斯盐沼值得绕道游览。这是一座面积超过 800 平方千米、海拔达 3368 米的盐湖。白色的湖面由细小的盐晶组成，闪闪发光，可以在湖面上开车。

阳光明媚、晴空万里，世界闻名的塔夫拉达·德乌玛瓦卡峡谷迎来了新的一天。印加人曾经沿着这里的商道互通有无。

基本情况

位置： 位于阿根廷西北部的山谷中，靠近胡胡伊省首府圣萨尔瓦多－德胡胡伊

面积： 1721 平方千米

2003 年被列入联合国教科文组织《世界遗产名录》

"七色山"由不同类型的岩石组成。相传，是孩子们在晚上从床上爬起来，给这座山涂上了鲜艳的颜色。

冰川国家公园
联合国教科文组织世界遗产

冰川国家公园位于阿根廷圣克鲁斯省西南部与智利交界处，始建于 1937 年，但长期以来一直都很神秘。巍峨的山峰遮挡了这片地区，而恶劣的气候又将遗漏之处都掩盖得严严实实。这或许就解释了为什么直到 20 世纪 60 年代，人们才发现阿根廷最大的湖泊——阿根廷湖。如今，大量游客慕名前来，主要是因为这里有三条大冰川：别德马冰川、阿普萨拉冰川和佩里托·莫雷诺冰川。当巨大的冰块从佩里托·莫雷诺冰川上断裂，坠入阿根廷湖，发出巨大的轰鸣声时，场面总是十分壮观。冰川国家公园的低洼地带有长满山毛榉的森林和巴塔哥尼亚大草原，尤其值得一提的是，有 100 多种鸟类在这里繁衍生息。

基本情况

位置：位于阿根廷圣克鲁斯省西南部与智利交界处

面积：7269 平方千米

成立时间：1937 年

1981 年被列入联合国教科文组织《世界遗产名录》

阿根廷湖的湖岸也没能阻挡雄伟的佩里托·莫雷诺冰川：它越过水障，在对岸堆起了巨大的冰墙（上页大图）。

季节的更替总会赋予大自然新的面貌，尤其是在秋天，森林显得格外多姿多彩。

伊瓜苏国家公园
联合国教科文组织世界遗产

无论是卷尾猴、红鹮、詹代亚锥尾鹦鹉，还是食蟹浣熊（左上起，顺时针方向），都栖息在大瀑布另一边的国家公园里。

森林中的嘶嘶声、嗡嗡声、咆哮声和尖叫声，都被瀑布的轰鸣声淹没了。在阿根廷和巴西交界地带的伊瓜苏大瀑布的另一边，还有一片值得一看的热带雨林，这里有各种各样的植被区。此外，许多濒危动植物惬意地生活在瀑布靠近巴西一侧近1700平方千米的国家公园里。鹦鹉和鸠在大树的怀抱中嘤嘤地叫着，楼燕在瀑布间的峭壁上筑巢，美洲豹猫和美洲豹、食蚁兽和西猯共同生活在郁郁葱葱的雨林中。水面算不上平静，总能看到许多巴西大水獭捕鱼的身影，这种水獭在其他地方已经不多见了。

基本情况

位置： 伊瓜苏国家公园跨越巴西和阿根廷，在阿根廷一侧叫作"Iguazú"；在巴西一侧位于巴拉那州，卡斯卡韦尔西南部

面积： 1696.96平方千米

成立时间： 1939年

1986年被列入联合国教科文组织《世界遗产名录》

这里值得游览的不只有著名的瀑布，鸟类也为长青的雨林增添了绚丽的色彩。左下两图：绒冠蓝鸦和鳞头鹦哥。右下

小图（左上起，顺时针方向）：绒冠蓝鸦、红胸巨嘴鸟、栗耳阿拉卡、黑额鸣冠雉、灰胸林秧鸡和凤冠雉。

伊瓜苏瀑布位于巴西、阿根廷和巴拉圭三国交界地带，是地球上最大、最令人难忘的一片瀑布。阿根廷和巴西两侧的地区都是国家公园。20世纪80年代中期，两座公园和瀑布都被列入联合国教科文组织《世界遗产名录》。

阿尔蒂普拉诺高原

6500 万年前发生了强烈的沉降，这片区域便产生了，与此同时，安第斯山脉则维持了它的岩层结构。如今，山坡上的沉积物依然清晰可见。

盐、沙漠中干燥的沙子、冰和火山组成了阿尔蒂普拉诺高原。这片辽阔的高原位于安第斯山脉的西部和东部之间，面积约为 17 万平方千米，是仅次于青藏高原的世界第二大高原。此处没有出海口，因此这里的湖泊盐度极高，这是由于湖水蒸发造成的。阿尔蒂普拉诺高原的平均海拔为 3600 米。就气候而言，阿尔蒂普拉诺高原为干燥或半干燥气候，平均气温为 2 ~ 10℃，4—9 月会下雪，尤其是在海拔较高的地方。周围是活跃的成层火山，因此这里的间歇泉和蒸汽泉等景象十分壮观。

基本情况

位置： 位于安第斯山脉的西部和东部之间，覆盖了玻利维亚西部大部分地区，以及秘鲁、智利和阿根廷的部分地区

面积： 约 17 万平方千米

在广袤的平原上，盐湖和山脊交错，乍一看似乎很荒凉，但在这里，巨型仙人掌在五颜六色的石头间茁壮生长，羊驼也在这里大量出没。

在阿尔蒂普拉诺高原，温顺的羊驼是最常见的动物。

图片来源

P. 2/3 G/Georgette Douwma, p. 4/5 G/Marco Bottigelli, p. 6/7 G/Anup Shah, p. 8/9 G/Punnawit Suwuttananun, p. 10/11 G/Luis Davilla, p. 12/13 G/FotoVoyager, p. 14/15 G/Southern Lightscapes-Australia, p. 16/17 G/Southern Lightscapes-Australia, p. 18/19 M/Alamy, p. 20 G/Henn Photography, p. 20 G/Sigmundur Andresson, p. 21 G/LuismiX, p. 21 G/Win Initiative, p. 21 G/Deb Snelson, p. 22 G/Peerakit JIrachetthakun, p. 22 G/Gunnar Örn Árnason, p. 22/23 G/Ramiro Torrents, p. 23 G/Sjo, p. 24/25 G/Subtik, p. 25 G/Arctic-Images, p. 26 G/Jacek Kadaj, p. 26 G/Steinliland, p. 26 G/Felix, p. 26/27 G/Southern Lightscapes-Australia, p. 26/27 G/Wei Hao Ho, p. 27 G/Sizun Eye, p. 27 G/Wei Hao Ho, p. 27 G/Tunart, p. 27 G/Tunart, p. 28/29 G/Wei Hao Ho, p. 29 G/Vvvita, p. 30 Nick Fox/Shutterstock.com, p. 30 M/Kevin Prönnecke, p. 30 M/Kevin Prönnecke, p. 30/31 G/Audun Bakke Andersen, p. 30/31 G/Gustaf Emanuelsson, p. 31 M/Kevin Prönnecke, p. 31 M/Kevin Prönnecke, p. 31 M/Kevin Prönnecke, p. 31 G/Gerhard Zwerger-Schoner, p. 32 M/Willi Rolfes, p. 33 M/Stefan Huwiler, p. 33 M/Willi Rolfes, p. 33 M/Stefan Huwiler, p. 33 M/Ben Cranke, p. 34/39 G/Wei Hao Ho, p. 35–38 G/Wei Hao Ho, p. 39 G/Karol Majewski, p. 39 G/Karol Majewski, p. 40 G/Hans Strand, p. 40 G/Johner Images, p. 40 G/Anders Ekholm, p. 40/41 G/Erlend Haarberg, p. 41 G/Westend61, p. 41 M/Erlend Haarberg, p. 41 M/Erlend Haarberg, p. 41 G/Winfried Wisniewski, p. 41 M/Orsolya Haarberg, p. 42/43 G/Brytta, p. 43 G/Marcus Siebert, p. 43 G/Oxford Scientific, p. 44/45 G/Marco Bottigelli, p. 45 iacomino FRiMAGES/Shutterstock.com, p. 46 M/Bernd Zoller, p. 46 M/Jussi Murtosaari, p. 46/47 M/Johan van der Wielen, p. 46/47 M/Jordi Bas Casas, p. 47 M/Markus Varesvuo, p. 47 M/Reiner Bernhardt, p. 47 M/Philippe Clement, p. 48/49 M/Nature picture library, p. 49 M/Nature picture library, p. 49 M/Nature picture library, p. 49 M/Nature picture library, p. 50/51 G/Mikroman6, p. 51 G/Mikroman6, p. 51 M/Gareth McCormack, p. 52/53 G/Pete Rowbottom, p. 53 Amedeo Iunco photographer/Shutterstock.com, p. 54 G/Southern Lightscapes-Australia, p. 55 G/Southern Lightscapes-Australia, p. 55 G/Mark Webster, p. 55 G/Southern Lightscapes-Australia, p. 55 G/Southern Lightscapes-Australia, p. 56 Look/robertharding, p. 56 G/Scott Robertson, p. 56 M/Allan Wright, p. 57 C/Arnaudbertrande, p. 57 G/Kathy Collins, p. 58 M/Keith Fergus, p. 58 M/Jason Friend, p. 58 G/Peter Chadwick LRPS, p. 58/59 G/Ray Bradshaw, p. 59 G/FotoVoyager, p. 60 G/John finney photography, p. 60 G/James Ennis, p. 60 G/James Ennis, p. 60/61 G/John finney photography, p. 60/61 G/ChrisHepburn, p. 61 G/Eleanor Scriven, p. 61 G/James Ennis, p. 61 M/Chris Herring, p. 61 G/Ben Pipe Photography, p. 61 G/A Kearton, p. 62 G/Peter Lourenco, p. 62 G/David Williams, p. 62 G/Chris Hepburn, p. 62 G/Joe Daniel Price, p. 62/63 G/James Ennis, p. 62/63 G/Alan Novelli, p. 63 G/Osian Rees, p. 64 M/Alamy, p. 64 G/Descliks2bretagne.photography, p. 64 G/MathieuRivrin, p. 64 G/Romain Bruot, p. 65 G/Philippe Saire - Photography,

p. 66/67 G/fhm, p. 67 G/Aloïs Peiffer, p. 67 G/fhm, p. 68/69 G/Eric Rousset, p. 69 G/David Clapp, p. 70 M/Jason Langley, p. 70 G/Raffi Maghdessian, p. 70/71 G/Bruno Donnangricchia, p. 71 M/Hwo, p. 72/73 Look/Sabine Lubenow, p. 73 Edler von Rabenstein/Shutterstock.com, p. 73 Michael Thaler/Shutterstock.com, p. 73 mapman/Shutterstock.com, p. 73 Lightboxx/Shutterstock.com, p. 74/75 M/Rainer Mirau, p. 75 G/Andreas Jäckel, p. 76 Look/olafprotze, p. 76/77 Look/Tobias Richter, p. 78 M/Stefan Hefele, p. 78 G/Moritz Wolf, p. 79 G/Moritz Wolf, p. 79 G/DaitoZen, p. 80 M/Sonderegger Christof, p. 80 G/Markus Keller, p. 80 G/Hans Georg Eiben, p. 80/81 G/Alexander Schnurer, p. 82/83 G/Federica Grassi, p. 83 G/Frank Lukasseck, p. 83 M/P. Kaczynski, p. 83 G/Frank Lukasseck, p. 83 M/Ivan Batinic, p. 84/85 G/Arto Hakola, p. 85 G/Sorin Rechitan, p. 85 G/Arto Hakola, p. 85 G/Renelo, p. 86 G/DieterMeyrl, p. 86/87 M/Alessandra Sarti, p. 88 G/Gerrit Fricke, p. 88 G/Michal Sleczek, p. 88 G/Michal Sleczek, p. 88 G/Macroworld, p. 88 G/Karol Majewski, p. 89 TTstudio/Shutterstock.com, p. 89 Kluciar Ivan/Shutterstock.com, p. 90 M/Graham Prentice, p. 90/91 M/John Gooday, p. 92/93 G/FredConcha, p. 93 Look/Tobias Richter, p. 93 G/Alvaro Roxo, p. 93 G/Paulo Rocha, p. 93 M/Roberto Moiola, p. 94 M/Cro Magnon, p. 94 G/Frank Lukasseck, p. 94/95 G/Marco Bottigelli, p. 94/95 G/Akrp, p. 96/97 G/Peasac, p. 97 M/Sebastian Wasek, p. 97 M/Jan Wlodarczyk, p. 97 G/Magnus Larsson, p. 98 G/Roberto Herrero Garcia, p. 98 G/Roberto Herrero Garcia, p. 98 G/Abraham Blanco, p. 98/99 G/Ramy Maalouf, p. 99 G/Roberto Herrero Garcia, p. 100 M/Tilyo Rusev, p. 100 M/Tilyo Rusev, p. 100 M/Tilyo Rusev, p. 100/101 M/Mikel Bilbao Gorostiaga, p. 101 G/Arnaudbertrande, p. 102/103 G/Guillermo casas buruque, p. 103 G/Maya Karkalicheva, p. 104 G/Atlantide Phototravel, p. 104 G/Frank Lukasseck, p. 105 G/Santiago Urquijo, p. 105 M/Alan Dawson, p. 105 G/DaLiu, p. 105 M/Jordi Chias, p. 106/107 G/Thanapol Tontinikorn, p. 107 G/Katerinasergeevna, p. 108 M/Giordano Bertocchi, p. 108 M/ClickAlps, p. 108 M/Giordano Bertocchi, p. 108/109 Look/ClickAlps, p. 108/109 G/Luca Scalmati, p. 109 G/Gina Pricope, p. 109 G/Gina Pricope, p. 109 G/Gina Pricope, p. 109 G/Gina Pricope, p. 110/111 G/Luigi Alesi, p. 110/111 G/Luigi Alesi, p. 111 G/Lorenzo Mattei, p. 112 G/GoodLifeStudio, p. 112 G/www.markovigor.com, p. 113 Matthew Storer/Shutterstock.com, p. 113 G/V. GIANNELLA, p. 113 G/Joanna Ho, p. 113 G/V. GIANNELLA, p. 114 G/Laurentiu-Mihai Panaete, p. 114 G/Istvan Kadar Photography, p. 114/115 G/Marian Poar?, p. 115 G/Dragos Pop, p. 116 G/GoodLifeStudio, p. 116 G/Maya Karkalicheva, p. 116 G/Maya Karkalicheva, p. 116/117 G/Maya Karkalicheva, p. 117 G/Maya Karkalicheva, p. 117 G/Maya Karkalicheva, p. 118 G/Maya Karkalicheva, p. 118 G/Maya Karkalicheva, p. 118 G/Maya Karkalicheva, p. 118/125 G/Maya Karkalicheva, p. 119 G/Maya Karkalicheva, p. 119 G/Maya Karkalicheva, p. 119 G/Maya Karkalicheva, p. 119 G/Maya Karkalicheva, p. 120 G/Andrea Pistolesi, p. 120 G/

Egmont Strigl, p. 120/121 G/Andrea Pistolesi, p. 122/123 G/Carsten Schanter, p. 123 G/Evgeni Dinev Photography, p. 124 G/Aaron Geddes Photography, p. 124 G/Gasimich, p. 124 G/Radek K., p. 124/125 G/Christoph Maas, p. 125 G/Dmitry Naumov, p. 125 G/Stavros Markopoulos, p. 125 G/Stavros Markopoulos, p. 125 G/Stavros Markopoulos, p. 126/127 G/Mammuth, p. 127 Soru Epotok/Shutterstock.com, p. 127 WildMedia/Shutterstock.com, p. 127 G/DamianKuzdak, p. 128/129 G/Anton Petrus, p. 129 M/Roman Kharlamov, p. 129 G/Roman Kharlamov, p. 130 G/Parshina Olga, p. 130 G/Gordon Wiltsie, p. 130 G/Parshina Olga, p. 130/131 G/Richardseeleyphotography.com, p. 131 G/Parshina Olga, p. 132/133 G/Yevgen Timashov, p. 133 G/Konstantin Voronov, p. 134/135 G/Yevgen Timashov, p. 135 M/Eric Dragesco, p. 135 G/Yevgen Timashov, p. 135 G/Yevgen Timashov, p. 135 G/Yevgen Timashov, p. 136/137 G/Paul Biris, p. 137 G/Mario Colonel, p. 138/139 M/Roberto Moiola, p. 139 G/Ketkarn sakultap, p. 140/141 G/SimonSkafar, p. 141 Roxana Bashyrova/Shutterstock.com, p. 142/143 G/ViewStock, p. 144 G/Ingram Publishing, p. 145 G/Ed Gordeev, p. 145 G/Anton Petrus, p. 145 G/Anton Petrus, p. 145 G/Anton Petrus, p. 146 G/Denis Svechnikov, p. 146 G/Denis Svechnikov, p. 146 G/Denis Svechnikov, p. 146/147 M/Martin Lindsay, p. 147 M/Julien Garcia, p. 148 G/Anna Dobos, p. 148 G/Siavash, p. 148 G/CaoWei, p. 149 G/Danny Hu, p. 149 G/Reimar Gaertner, p. 150 G/Copyright Nicholas Olesen, p. 150 G/Wanson Luk, p. 150 G/Fibru Photography, p. 150/151 G/Boom Chuthai, p. 151 G/Anton Petrus, p. 152/153 G/Serg_R, p. 153 G/Mariusz Kluzniak, p. 153 G/Mariusz Kluzniak, p. 153 G/Mariusz Kluzniak, p. 153 G/Mariusz Kluzniak, p. 154/155 G/SinghaphanAllB, p. 155 G/Anton Petrus, p. 155 G/Anton Petrus, p. 155 G/Anton Petrus, p. 155 G/Francesco Vaninetti Photo, p. 156/157 G/Feng Wei Photography, p. 157 G/Yuhan Liao, p. 158 G/Eastimages, p. 158/159 G/ViewStock, p. 159 G/Kelly Cheng, p. 159 M/Sam Yue, p. 159 G/Kelly Cheng, p. 160 G/Istvan Kadar Photography, p. 160/161 G/Aphotostory, p. 162 G/CJFAN, p. 162 G/Sunrise@dawn Photography, p. 162 G/Mr Monchai Awae, p. 162/163 G/FuYi Chen, p. 163 G/John Holmes, p. 163 G/FuYi Chen, p. 164/165 G/Wtsoki905, p. 165 godi photo/Shutterstock.com, p. 165 G/Topic Photo Agency, p. 165 M/Joe Blossom, p. 165 G/Jong-Won Heo, p. 166 G/I love Photo and Apple., p. 166 G/I love Photo and Apple., p. 166/171 G/Yuga Kurita, p. 167/170 G/I love Photo and Apple., p. 171 G/I love Photo and Apple., p. 172 M/John Steele, p. 172/173 G/Putt Sakdhnagool, p. 173 G/Ippei Naoi, p. 173 G/imagenavi, p. 173 G/Tomosang, p. 174/175 G/Punnawit Suwuttananun, p. 175 G/Punnawit Suwuttananun, p. 175 G/Mekdet, p. 175 G/Punnawit Suwuttananun, p. 175 G/Kampee patisena, p. 176 G/Athit Perawongmetha, p. 176 G/www.tonnaja.com, p. 176/177 G/David Davidov, p. 177 M/Eric Dragesco, p. 177 G/February, p. 178 G/Kwanchai_k photograph, p. 178 G/www.tonnaja.com, p. 178 G/Nobythai, p. 178/179

G/Anuchit kamsongmueang, p. 179 G/Suttipong Sutiratanachai, p. 180/181 G/Kampee patisena, p. 181 Gerald Robert Fischer/Shutterstock.com, p. 181 Rich Carey/Shutterstock.com, p. 181 G/Takau99, p. 181 G/Stephen Frink, p. 181 G/Photograph by Chanon Kanjanavasoontara, p. 181 G/Stephen Frink, p. 181 G/Steve De Neef, p. 182 G/Chi My. Trung Hamaru. Vietnam., p. 182 G/Ho Ngoc Binh, p. 182 G/Ho Ngoc Binh, p. 182/183 G/Ho Ngoc Binh, p. 183 G/Ho Ngoc Binh, p. 184 G/Phil Curtis, p. 184 G/Juhku, p. 184/185 G/Tristan Savatier, p. 185 G/John Crux Photography, p. 185 G/Fletcher & Baylis, p. 186 M/Florian Neukirchen, p. 186/187 G/Puripat Lertpunyaroj, p. 187 G/Dinno Sandoval, p. 188 M/Danita Delimont, p. 188 M/Alamy, p. 189 M/Anup Shah, p. 189 M/Anup Shah, p. 189 M/Anup Shah, p. 189 G/C. DANI I. JESKE, p. 190 G/Aumphotography, p. 190/191 G/Supoj Buranaprapapong, p. 191 G/Raung Binaia, p. 192/193 G/Sakis Papadopoulos, p. 193 G/inusuke, p. 193 G/Ignacio Palacios, p. 194 G/Dtokar, p. 194/195 G/Ilan Shacham, p. 194/195 G/Ilan Shacham, p. 194/195 G/Ido Meirovich, p. 195 G/Ilia Shalamaev wwwfocuswildlifecom, p. 195 G/Ilan Shacham, p. 195 G/PhotoStock-Israel, p. 195 G/Ilan Shacham, p. 196 G/Didier Marti, p. 196 G/Jean-Philippe Tournut, p. 196 M/Alamy, p. 196/197 G/Ratnakorn Piyasirisorost, p. 196/197 G/Ratnakorn Piyasirisorost, p. 197 G/Jean-Philippe Tournut, p. 198/199 G/Punnawit Suwuttananun, p. 199 G/Asifsaeed313, p. 199 G/Asifsaeed313, p. 200/201 Look/Rainer Mirau, p. 202/203 G/Mevans, p. 203 G/Haveseen, p. 204/205 M/Konrad Wothe, p. 205 M/Martin Willis, p. 205 yoko van de geyn/Shutterstock.com, p. 205 M/Martin Willis, p. 205 M/Konrad Wothe, p. 205 M/Martin Willis, p. 205 G/Jaykayl, p. 206/207 G/Posnov, p. 207 Martin Valigursky/Shutterstock.com, p. 208/209 Look/Karl Johaentges, p. 209 Neale Cousland/Shutterstock.com, p. 209 Janelle Lugge/Shutterstock.com, p. 209 Sebastien Burel/Shutterstock.com, p. 209 Daniela Constantinescu/Shutterstock.com, p. 209 Serge Goujon/Shutterstock.com, p. 209 iacomino FRiMAGES/Shutterstock.com, p. 210 G/Greenantphoto, p. 210/211 G/Paul A. Souders, p. 210/211 G/Ignacio Palacios, p. 211 Chris Watson/Shutterstock.com, p. 212 G/Theo Allofs, p. 212/213 G/Julie Fletcher, p. 214/215 G/Posnov, p. 215 G/Nigel Killeen, p. 215 G/Nigel Killeen, p. 216/217 G/Posnov, p. 216/217 G/Kathryn Diehm, p. 216/217 G/Byron Tanaphol Prukston, p. 217 G/Jesse Swallow, p. 217 G/Posnov, p. 217 G/Posnov, p. 217 G/Paparwin Tanupatarachai, p. 218/219 G/Posnov, p. 219 G/Posnov, p. 219 G/Posnov, p. 220/221 M/Shane Pedersen, p. 220/221 G/Posnov, p. 221/224 G/Southern Lightscapes-Australia, p. 225 G/Auscape, p. 225 G/Posnov, p. 225 G/Posnov, p. 226/227 M/Gerhard Zwerger-Schoner, p. 227 G/Julie Fletcher, p. 227 Film Adventure/Shutterstock.com, p. 228/229 G/Sino Images, p. 229 G/Kathryn Diehm, p. 229 Siripong Jitchum/Shutterstock.com, p. 230/231 G/irmaferreira, p. 231 G/Chiara Salvadori, p. 232 M/Ingrid Visser, p. 232/233 M/Tui De Roy, p. 233 M/David Osborn , p. 233

Giedriius/Shutterstock.com, p. 233 M/Tui De Roy, p. 234/235 G/Tan Yilmaz, p. 235 G/Oscar Olsson/Shutterstock.com, p. 235 totajla/Shutterstock.com, p. 235 G/Ethan Daniels/Stocktrek Images, p. 235 G/Tan Yilmaz, p. 235 G/wildestanimal, p. 235 G/Peter Pinnock, p. 236/237 M/Norbert Wu, p. 237 Elliotte Rusty Harold/Shutterstock.com, p. 237 G/Hal Beral, p. 237 Christophe Rouziou/Shutterstock.com, p. 237 Vojce/Shutterstock.com, p. 237 NaturePicsFilms/Shutterstock.com, p. 237 M/Chris Newbert, p. 237 scubaluna/Shutterstock.com, p. 238/239 G/Mlenny, p. 239 Vitaliy6447/Shutterstock.com, p. 239 Damsea/Shutterstock.com, p. 240/241 G/Manoj Shah, p. 242 G/Egmont Strigl, p. 242/243 M/Westend61, p. 243 G/Egmont Strigl, p. 244 M/Daniele Occhiato, p. 244 M/Lesley van Loo, p. 244 M/Winfried Wisniewski, p. 244/245 G/Ira Block, p. 245 M/Thijs van den Burg, p. 245 M/Christian Hutter, p. 245 M/Daniel Heuclin, p. 245 M/Bruno Amicis, p. 246/247 G/Lindsay, p. 247 G/Mansour Ali Photography, p. 247 G/Konrad Wothe, p. 247 G/Konrad Wothe, p. 247 M/Tom Till, p. 248 Hendrik Martens/Shutterstock.com, p. 248/249 G/Vincent Pommeyrol, p. 249 Gerald Robert Fischer/Shutterstock.com, p. 249 Dean1313/Shutterstock.com, p. 249 Fiona Ayerst/Shutterstock.com, p. 249 Kimmo Hagman/Shutterstock.com, p. 249 Andrei Armiagov/Shutterstock.com, p. 249 Levent Konuk/Shutterstock.com, p. 249 Kim_Briers/Shutterstock.com, p. 250 G/L. ROMANO, p. 250/251 M/Robert Henno, p. 251 M/Anup Shah, p. 251 M/Fiona Rogers, p. 251 M/Frans Lanting, p. 252 M/John Warburton-Lee, p. 252/253 M/Titti Soldati, p. 253 Beata Tabak/Shutterstock.com, p. 254 G/Mike D Kock, p. 254 M/Michael Freeman, p. 254/255 Alamy/Roberto Nistri, p. 255 M/John Warburton-Lee, p. 256/257 M/Gerard Lacz, p. 257 G/Berndt Fischer, p. 257 G/G. CAPPELLI, p. 257 G/R. PORTOLESE, p. 257 G/Joel Sartore, p. 257 G/Martin Willis, p. 258 M/Cyril Ruoso, p. 259 G/Grafissimo, p. 259 M/Alamy, p. 259 M/Juergen & Christine Sohns, p. 259 M/Ch'ien Lee, p. 260 M/Wim van den Heever, p. 260 M/Marg Wood, p. 260 Matt T Jackson/Shutterstock.com, p. 261 G/Gerard Lacz, p. 261 G/Frédéric Soltan, p. 261 M/Frans Lanting, p. 262 G/Jean-Paul Chatagnon, p. 262 M/Alamy, p. 262 M/Alamy, p. 262 G/Joel Sartore, p. 262/263 G/Eric Baccega, p. 264 M/Alamy, p. 264 M/Alamy, p. 264 M/Alamy, p. 264 M/Eric Baccega, p. 264 G/Fabio Pupin/Visuals Unlimited, Inc., p. 264 M/Alamy, p. 264/265 G/Fabio Pupin/Visuals Unlimited, Inc., p. 265 M/Alamy, p. 266 G/Pascal Boegli, p. 266 G/Pascal Boegli, p. 266/267 Radek Borovka/Shutterstock.com, p. 267 M/Gerth Roland, p. 267 G/Atlantide Phototravel/Corbis, p. 268/269 M/Age, p. 269 G/John Elk, p. 269 M/Michaela

Walch, p. 269 G/Jeremy Woodhouse, p. 269 Ondrej Prosicky/Shutterstock.com, p. 269 WitR/Shutterstock.com, p. 270 M/Martin Zwick, p. 270 G/Morgan Trimble, p. 270 Nikolai Link/Shutterstock.com, p. 270/271 Efimova Anna/Shutterstock.com, p. 271 G/Christopher Kidd, p. 271 Monika Hrdinova/Shutterstock.com, p. 271 feathercollector/Shutterstock.com, p. 271 Monika Hrdinova/Shutterstock.com, p. 271 M/Nigel Pavitt, p. 271 Monika Hrdinova/Shutterstock.com, p. 271 M/Thomas Marent, p. 272 G/Martin Harvey, p. 272 G/Miguel Sanz, p. 272/273 G/Vlapaev, p. 273 G/SoopySue, p. 274 Look/Minden Pictures, p. 274/275 G/Ignacio Palacios, p. 275 G/Feargus Cooney, p. 276 G/Traumlichtfabrik, p. 276 G/by Marc Guitard, p. 277 G/1001slide, p. 277 Aboubakar Malipula/Shutterstock.com, p. 278 G/Michael Poliza, p. 278 G/Michael Fay, p. 278 G/Michael Fay, p. 278/279 G/Michael Poliza, p. 279 M/Alamy, p. 280 scubaluna/Shutterstock.com, p. 280 3dsphoto.com/Shutterstock.com, p. 280/281 iarecottonstudio/Shutterstock.com, p. 280/281 Damsea/Shutterstock.com, p. 281 G/John Seaton Callahan, p. 281 Pataporn Kuanui/Shutterstock.com, p. 281 Levent Konuk/Shutterstock.com, p. 282 G/David Cayless, p. 282 G/Chris Hellier, p. 282 G/Oliver Gerhard, p. 282 G/David Cayless, p. 283 G/David Pickford, p. 284 G/Pierre-Yves Babelon, p. 285–288 G/Dennisvdw, p. 289 G/Danita Delimont, p. 289 G/Martin Harvey, p. 289 G/David Cayless, p. 289 G/Thorsten Negro, p. 290 M/Wil Meinderts, p. 290 M/Wil Meinderts, p. 290 M/Wil Meinderts, p. 290/291 M/Wil Meinderts, p. 291 M/Louise Murray, p. 291 M/Wil Meinderts, p. 291 M/Wil Meinderts, p. 291 M/Wil Meinderts, p. 291 M/Wil Meinderts, p. 291 M/Wil Meinderts, p. 291 M/Alamy, p. 292 G/Rainer Mirau, p. 292/293 Look/Rainer Mirau, p. 293 M/United Archives, p. 294 G/Spani Arnaud, p. 294/295 G/Infografick, p. 296/297 G/Cornelia Doerr, p. 296/297 Look/Andreas Straufl, p. 298 G/Arctic-Images, p. 298 M/Alamy, p. 298/299 G/Pol Rebaque, p. 298/299 G/Buena Vista Images, p. 299 Ger Metselaar/Shutterstock.com, p. 300/301 G/Vincent Grafhorst, p. 301 Look/age fotostock, p. 301 G/Vincent Grafhorst, p. 302 G/Hannele Lahtinen, p. 302 Dietmar Temps/Shutterstock.com, p. 302/303 G/Luis Davilla, p. 304 G/Christopher Scott, p. 304/305 G/Christopher Scott, p. 304/305 G/Christopher Scott, p. 304/305 G/Christopher Scott, p. 306 NickEvansKZN/Shutterstock.com, p. 306 M/Richard Du Toit, p. 306/307 G/Jason Grunstra, p. 307 G/David McCormick, p. 308 danish4888/Shutterstock.com, p. 308/309 G/Win-Initiative, p. 310 G/Dirk Bleyer, p. 310/311 G/Sara_winter, p. 310/311 G/Chiara Salvadori, p. 311 SchnepfDesign/Shutterstock.com, p. 311 G/Delyth Williams, p. 311 G/Daniela White Images, p. 312 G/Gallo Ima-

ges-Lanz von Horsten, p. 312/313 G/Chris Clor, p. 314 G/Hannes Thirion, p. 314 G/Petri Oeschger, p. 315 M/Pete Oxford, p. 315 G/Robert Harding Picture Libr. Ltd, p. 315 G/Gunter Lenz, p. 315 G/James Hager, p. 315 G/Heinrich van den Berg, p. 316 G/Martin Harvey, p. 316 M/Pixtal, p. 316/317 G/Dirk Freder, p. 317 Look/Thomas Grundner, p. 318 M/Sean Tilden, p. 318/319 Lukas Bischoff Photograph/Shutterstock.com, p. 318/319 M/David Noton Photography, p. 319 G/Emil Von Maltitz, p. 319 G/Emil Von Maltitz, p. 320/321 M/Gillian Lloyd, p. 321 M/Alamy, p. 321 M/Alamy, p. 322/323 Look/age fotostock, p. 323 Look/age fotostock, p. 323 Look/age fotostock, p. 323 G/Photography Aubrey Stoll, p. 323 M/Chad Case, p. 323 Look/Andreas Strauß, p. 324/325 G/Michele Falzone, p. 326 G/Comstock Images, p. 326/327 M/Alamy, p. 327 G/Nick Fitzhardinge, p. 327 M/Jochen Schlenker, p. 327 G/Bas Vermolen, p. 327 G/Praveen P.N, p. 327 G/Bas Vermolen, p. 327 G/Matt Mawson, p. 327 G/Doddeda, p. 328/329 M/Westend61 / Fotofeeling, p. 329 G/Darwin Wiggett, p. 330/331 G/Basic Elements Photography, p. 331 Yongyut Kumsri/Shutterstock.com, p. 332 G/Tom Walker, p. 332/333 Look/Design Pics, p. 333 M/Patrick Endres, p. 333 G/Jacob W. Frank, p. 333 G/Lijuan Guo Photography, p. 334/335 M/Michael Jones, p. 335 M/John Hyde, p. 335 Caleb Foster/Shutterstock.com, p. 336 akphotoc/Shutterstock.com, p. 336 Ondrej Prosicky/Shutterstock.com, p. 337 M/Lucas Payne, p. 337 Nick Pecker/Shutterstock.com, p. 338/339 G/HaizhanZheng, p. 339 G/Sumio Harada, p. 339 G/Danita Delimont, p. 339 G/Donald M. Jones/, p. 339 G/Don Johnston, p. 339 G/John E Marriott, p. 339 G/Matthias Breiter, p. 339 G/John F Marriott, p. 340 G/Jeff Goulden, p. 340 M/Rainer Mirau, p. 340 Robert Bohrer/Shutterstock.com, p. 340 Isogood_patrick/Shutterstock.com, p. 341 M/Alamy, p. 341 Look/Danita Delimont, p. 341 Menno Schaefer/Shutterstock.com, p. 342 sumikophoto/Shutterstock.com, p. 342/343 G/Alan Copson, p. 342/343 G/Alan Copson, p. 343 G/JoSon, p. 343 G/Ben Pipe, p. 343 M/Ben Barden, p. 343 G/Peterlakomy, p. 344 M/Michael DeFreitas, p. 344 G/Ignacio Palacios, p. 344 G/James Forsyth, p. 344 M/Alessandra Sarti, p. 344/345 G/Ignacio Palacios, p. 345 Alamy/Tom Till, p. 346 G/JTBaskinphoto, p. 346/347 G/Patrick Morris, p. 346/347 G/Rachid Dahnoun, p. 347 G/Alan W Cole, p. 347 G/Muha04, p. 347 G/Witold Skrypczak, p. 347 M/Michael Weber, p. 347 Ralf Broskvar/Shutterstock.com, p. 348/349 M/Rainer Mirau, p. 349 G/Southern Lightscapes-Australia, p. 350 G/Jonny Maxfield, p. 350/351 G/Ignacio Palacios, p. 352/353 G/Eric Lo, p. 353 sumikophoto/Shutterstock.com, p. 354/359 G/Michele Falzone, p. 355–358 G/Michele Falzone, p. 359 Kyle Kephart/Shutterstock.com, p. 360 G/Ethan Daniels/Stock-

trek Images, p. 360 G/Ethan Daniels/Stocktrek Images, p. 360/361 M/Norbert Probst, p. 361 G/Ethan Daniels/Stocktrek Images, p. 361 G/Ethan Daniels/Stocktrek Images, p. 362/363 G/Danita Delimont, p. 363 G/Pascal Moulinier / EyeEm, p. 363 G/Andrew M. Snyder, p. 363 G/Andrew M. Snyder, p. 363 G/Richard Nowitz, p. 363 M/Christian Ziegler, p. 363 G/Andrew M. Snyder, p. 363 G/Tier Und Naturfotografie J und C Sohns, p. 363 L-N/Shutterstock.com, p. 364/365 M/Francesco Puntiroli, p. 365 G/Javier Fernández Sánchez, p. 365 G/Kryssia Campos, p. 365 Michal Sarauer/Shutterstock.com, p. 366 G/Edson Vandeira, p. 366 G/Edson Vandeira, p. 366 Caio Pederneiras/Shutterstock.com, p. 366/367 Holger Hennern/Shutterstock.com, p. 367 G/Jane Sweeney, p. 367 Caio Pederneiras/Shutterstock.com, p. 368/369 M/Pete Oxford, p. 369 G/Andrea Pistolesi, p. 370 G/Eduardo Arraes - www.flickr.com/photos/duda_arraes, p. 370 M/Alamy, p. 370 G/Pintai Suchachaisri, p. 370 G/Tirc83, p. 371 M/Jacques Jangoux, p. 371 M/Zena Elea, p. 371 M/Bjanka Kadic, p. 371 M/Zena Elea, p. 371 M/Luciano Candisani, p. 371 M/Tui De Roy, p. 372 G/Alex Saberi, p. 372 G/Alex Saberi, p. 372 G/Alex Saberi, p. 372/373 M/Gerald Abele, p. 373 G/Jesse Kraft, p. 373 G/Gerard Blignaut, p. 374 G/James R.D. Scott, p. 374 G/I love nature! - I love Brazil!, p. 374 G/Joel Sartore, p. 374 G/Todd Gipstein, p. 374 M/Tui De Roy, p. 374 MightyPix/Shutterstock.com, p. 374/375 G/Giovani Cordioli, p. 375 G/Westend61, p. 376/377 M/Wei Hao Ho, p. 377 G/Jmichel Deborde, p. 378 G/Gabriel Sperandio, p. 378 G/Massimo Borchi, p. 378/379 G/Agustavop, p. 379 G/Aumphotography, p. 380/381 G/Christian Handl, p. 380/381 G/Fotografías Jorge León Cabello, p. 381 G/Artie Photography (Artie Ng), p. 382 G/Gcoles, p. 383 G/Eric Hanson, p. 383 G/Bruce Hood, p. 384/385 G/Mariusz Kluzniak, p. 385 G/Philippe Widling, p. 385 G/Klaus Balzano, p. 385 G/Klaus Balzano, p. 385 G/Federica Grassi, p. 386 G/Luis Davilla, p. 386/387 G/Michael Shmelev, p. 386/387 G/Noppawat Tom Charoensinphon, p. 386/387 Marcio Pascale/Shutterstock.com, p. 387 G/Fandrade, p. 387 G/Hubert Zegota, p. 387 G/Sathish Jothikumar, p. 387 G/Rafax, p. 388 M/Frederic Soreau, p. 388 G/Gabrielle Therin-Weise, p. 388 G/Westend61, p. 388 Anna Kucherova/Shutterstock.com, p. 389 M/Andre Seale, p. 389 G/Guido Agüero, p. 389 G/Pierronimo, p. 389 Alejo Miranda/Shutterstock.com, p. 389 Marcelo Morena/Shutterstock.com, p. 389 Uwe Bergwitz/Shutterstock.com, p. 389 Joe McDonald/Shutterstock.com, p. 389 SATRIA NANGISAN/Shutterstock.com, p. 389 Diego Grandi/Shutterstock.com, p. 390 G/Martinelli73, p. 390 G/Marco Bittel, p. 390 G/Mariusz Kluzniak, p. 391 G/Kim Schandorff, p. 391 M/Chris Stenger, p. 391 G/Juergen Ritterbach.

图书在版编目（CIP）数据

生命星球：环球壮观的自然保护区 / 德国坤特出版
社编著；张骥译 . -- 北京：科学普及出版社，2024.
10. -- ISBN 978-7-110-10770-6

Ⅰ . S759.9

中国国家版本馆 CIP 数据核字第 2024PQ5387 号

著作权合同登记号：01-2024-0722

策划编辑	白　珺
责任编辑	白　珺
封面设计	红杉林文化
正文设计	中文天地
责任校对	吕传新
责任印制	李晓霖

出　　版	科学普及出版社
发　　行	中国科学技术出版社有限公司
地　　址	北京市海淀区中关村南大街 16 号
邮　　编	100081
发行电话	010-62173865
传　　真	010-62173081
网　　址	http://www.cspbooks.com.cn

开　　本	889mm×1194mm　1/16
字　　数	450 千字
印　　张	24.75
版　　次	2024 年 10 月第 1 版
印　　次	2024 年 10 月第 1 次印刷
印　　刷	北京顶佳世纪印刷有限公司
书　　号	ISBN 978-7-110-10770-6 / S・585
定　　价	268.00 元